くらしと天気!!

お天気用語大図鑑

監修　南気象予報士事務所☆坂下恵理・篠原 正・広瀬 駿

国土社編集部／編

国土社

もくじ

くらしと天気!!
お天気用語大図鑑《てんきようごだいずかん》

1章《しょう》

天《てん》気《き》用《よう》語《ご》に親《した》しもう

雨出春夫《あめだすはるお》さん

気象予報士《きしょうよほうし》、防災士《ぼうさいし》。天気《てんき》についてたのしく、くわしく教《おし》えてくれる。日々《ひび》、みんなに伝《つた》わりやすいように心《こころ》がけている。趣味《しゅみ》は写真《しゃしん》と俳句《はいく》。

ひなたちゃん

小学《しょうがく》4年生《ねんせい》。植物《しょくぶつ》や生《い》き物《もの》、空《そら》の変化《へんか》など、季節《きせつ》によってかわるものを観察《かんさつ》するのが好《す》き。

空《そら》くん

小学《しょうがく》4年生《ねんせい》。風《かぜ》や雲《くも》の変化《へんか》に敏感《びんかん》で、だれよりもはやく雨《あめ》が降《ふ》り出《だ》したことに気《き》づく。

＊くわしく説明《せつめい》している、または関連《かんれん》するページを ➡●ページ で示《しめ》しています。
示《しめ》されたページにある用語《ようご》が、見出《みだ》しではない場合《ばあい》は、マーカーをつけています。
＊ことわり書きのない日付《ひづけ》は、原則《げんそく》、新暦《しんれき》の日付《ひづけ》を表示《ひょうじ》しています。

天気用語《てんきようご》ってなんだろう？

天気用語《てんきようご》とは、天気予報《てんきよほう》などで使《つか》われる気象現象《きしょうげんしょう》をあらわすことばです。日々《ひび》の生活《せいかつ》の中《なか》で季節《きせつ》を感《かん》じ、和歌《わか》にもよまれました。また、ことわざや慣用句《かんようく》などのように、天気《てんき》がうつりかわる予兆《よちょう》を親《した》しみやすくいい伝《つた》え、農業《のうぎょう》や漁業《ぎょぎょう》、毎日《まいにち》のくらしなどに役立《やくだ》ててきたのです。

日本人《にほんじん》のくらしや文化《ぶんか》に深《ふか》く関《かか》わってきた天気用語《てんきようご》

日本人《にほんじん》は昔《むかし》から、春夏秋冬《しゅんかしゅうとう》という四季《しき》のうつりかわりに敏感《びんかん》で、季節《きせつ》を特徴《とくちょう》づける天気《てんき》や気象現象《きしょうげんしょう》を和歌《わか》や物語《ものがたり》に盛《も》りこみ、大切《たいせつ》にしてきました。たとえば、日本最古《にほんさいこ》の歌集《かしゅう》『万葉集《まんようしゅう》』には、雨《あめ》に関《かん》する和歌《わか》が百首以上《ひゃくしゅいじょう》あるといわれています。平安時代《へいあんじだい》に書《か》かれた『枕草子《まくらのそうし》』には、季節《きせつ》のすばらしさをあらわすものとして、春《はる》の日《ひ》の出《で》のようすや、夏《なつ》のホタルや月夜《つきよ》、秋《あき》の夕暮《ゆうぐ》れや虫《むし》の音《ね》、冬《ふゆ》の雪《ゆき》や霜《しも》をあげています。そして、江戸時代《えどじだい》の俳句《はいく》や、現代《げんだい》の短歌《たんか》、詩《し》にも受《う》け継《つ》がれてきました。雨《あめ》や風《かぜ》など気象現象《きしょうげんしょう》をあらわすことばが日本語《にほんご》にたくさんあるのは、日本人《にほんじん》が自然《しぜん》の美《うつく》しさや厳《きび》しさに親《した》しみをもっていたから

平安時代《へいあんじだい》に書《か》かれた『枕《まくらの》草子《そうし》』は、季節《きせつ》を愛《め》でることばがたくさん出《で》てくる

立春《りっしゅん》から数《かぞ》えて88日《にち》目《め》の「八十八夜《はちじゅうはちや》」はお茶《ちゃ》の葉《は》をつむ目安《めやす》にされてきた

です。

天気《てんき》と向《む》き合《あ》うことは、日本人《にほんじん》の生活《せいかつ》に欠《か》かせないことでした。今《いま》のように天気《てんき》を観測《かんそく》する機械《きかい》がなかったころは、その土地《とち》に長《なが》くくらしている人《ひと》たちの経験《けいけん》から天《てん》気《き》をよみ、暦《こよみ》 ↓12ページ にして、農業《のうぎょう》や漁業《ぎょぎょう》、行事《ぎょうじ》などにいかしてきました。たとえば、二十四節気《にじゅうしせっき》のひとつ「啓《けい》蟄《ちつ》」は、冬《ふゆ》ごもりしていた虫《むし》が土《つち》から出《で》てくるころという春《はる》のおとずれをあらわすことばです。そして、「八十八《はちじゅうはち》夜《や》」 ↓63ページ は、初夏《しょか》がおとずれる日《ひ》と考《かんが》えられていました。「八十八夜《はちじゅうはちや》の別《わか》れ霜《じも》」といわれ、この日《ひ》から霜《しも》が降《お》りなくなり、お茶《ちゃ》の葉《は》をつんだり、稲《いね》の種《たね》まきをしたりする目安《めやす》にされてきました。

また、天気《てんき》は戦《いくさ》のゆくえを左右《さゆう》するものでもありました。そのため、戦術《せんじゅつ》だけでなく、気象《きしょう》、暦《こよみ》、易学《えきがく》にくわしい軍《ぐん》師《し》をかかえる戦国武将《せんごくぶしょう》もいたと伝《つた》えられています。

19世紀《せいき》になるとヨーロッパで、天気図《てんきず》 ↓59ページ で天《てん》気《き》を予測《よそく》する方法《ほうほう》が確立《かくりつ》します。「天気予報《てんきよほう》」の誕生《たんじょう》です。日本《にほん》では、1875（明治《めいじ》8）年《ねん》に、のちに気象庁《きしょうちょう》になる東京気象台《とうきょうきしょうだい》ができ、東京《とうきょう》で気象観測《きしょうかんそく》がはじまりました。

洗濯指数《せんたくしすう》の例《れい》

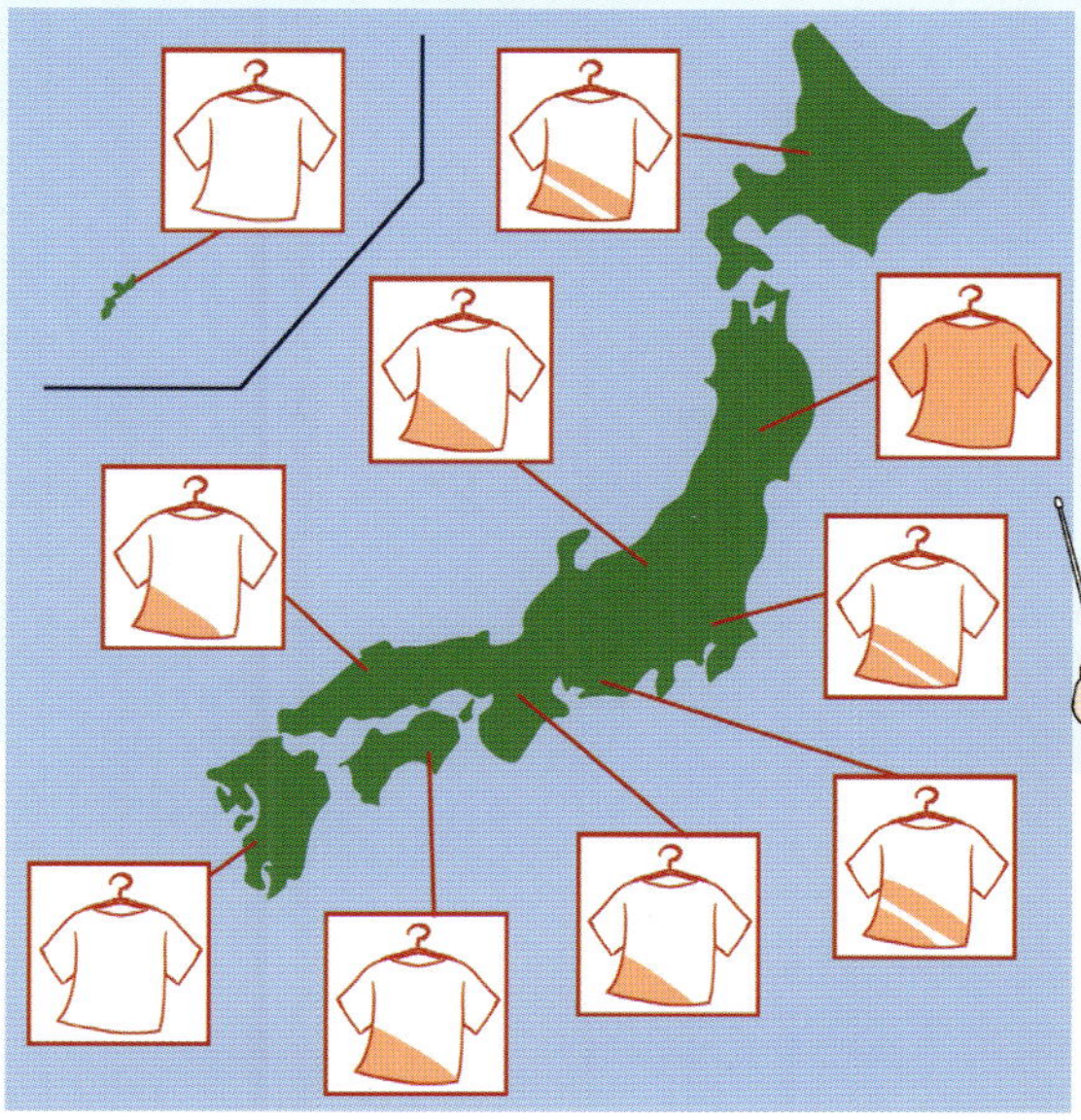

今《いま》では、洗濯《せんたく》のための天気予報《てんきよほう》まであるんだ！ 洗《せん》濯物《たくもの》の乾《かわ》きやすさを示《しめ》す予報《よほう》で「洗濯指数《せんたくしすう》」といわれているよ。 気象庁《きしょうちょう》ではなく、民間《みんかん》の気象会社《きしょうがいしゃ》が発《はっ》表《ぴょう》しているものが多《おお》いんだ。 ほかにも、紫外線《しがいせん》の強《つよ》さや、アイスクリーム指数《しすう》、鍋物指数《なべものしすう》などもあるよ。

解説《かいせつ》

1

天気《てんき》の基本《きほん》を知《し》ろう

天気予報《てんきよほう》ならではの表現《ひょうげん》や記号《きごう》があります。どんなことば、マークなどが使《つか》われているか見《み》てみましょう。

天気予報《てんきよほう》では、「晴《は》れ」「曇《くも》り」「雨《あめ》」などの用語《ようご》を聞《き》きますね。雨《あめ》が降《ふ》ると予想《よそう》できるときは天気予報《てんきよほう》が「雨《あめ》」になることはわかりますが、では、「晴《は》れ」と「曇《くも》り」の境界線《きょうかいせん》はどこにあるのでしょうか。答《こた》えは「雲《くも》の割合《わりあい》（雲量《うんりょう》）」です。空《そら》をおおう雲量《うんりょう》が8以下《いか》だと「晴《は》れ」、9以上《いじょう》で雨《あめ》や雪《ゆき》が降《ふ》っていない場合《ばあい》が「曇《くも》り」になります。晴《は》れの中《なか》でも、雲量《うんりょう》が1以下《いか》のときは「快晴《かいせい》」です。

天気予報《てんきよほう》は、雲《くも》の割合《わりあい》で判断《はんだん》した「晴《は》れ」「曇《くも》り」を軸《じく》に、「雨《あめ》」や「雪《ゆき》」、「雷《かみなり》」といった気象現象《きしょうげんしょう》が発生《はっせい》するかどうかをあわせて発表《はっぴょう》しています。

そして、天気予報《てんきよほう》のもとになるのが、天気記号《てんききごう》や前線《ぜんせん》、等圧線《とうあつせん》が書《か》きこまれた「天気図《てんきず》」⬇59ページです。

天気《てんき》をあらわす記号《きごう》

天気記号《てんききごう》 59ページ は、その地点《ちてん》がどんな天気《てんき》になっているかを天気図《てんきず》にあらわす記号《きごう》です。ここでは、日本式天気記号《にほんしきてんききごう》の一部《いちぶ》を紹介《しょうかい》します。

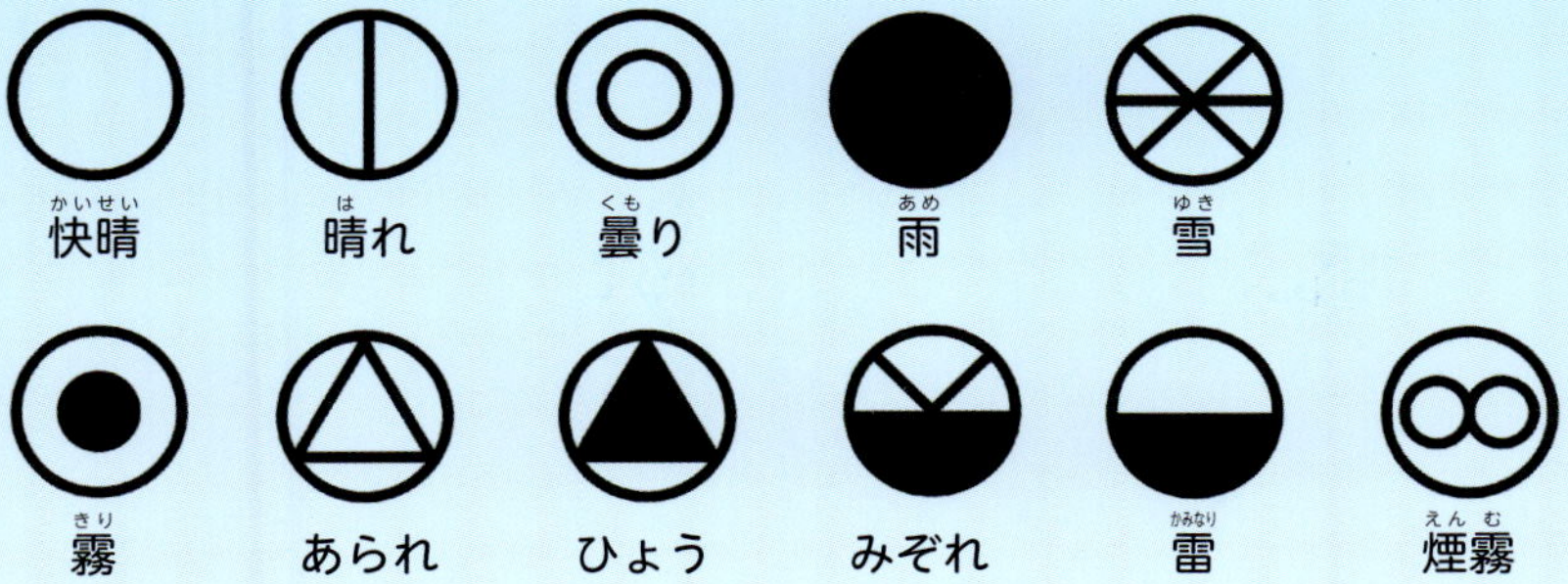

天気記号《てんききごう》の書《か》き方《かた》

天気《てんき》:曇《くも》り
風向《かざむ》き:北《きた》
風力《ふうりょく》:3
気温《きおん》:18° C
気圧《きあつ》:1020hPa

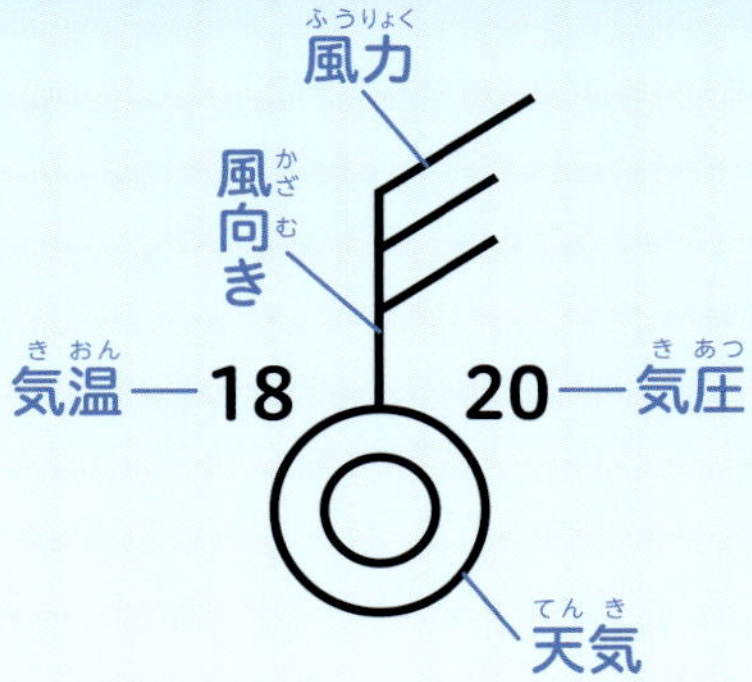

晴《は》れや曇《くも》りといった天気記号《てんききごう》とともに、風《かぜ》の向《む》き(風向《かざむ》き)と風《かぜ》の強《つよ》さ(風力《ふうりょく》)を示《しめ》す線《せん》、気温《きおん》と気圧《きあつ》を示《しめ》す数字《すうじ》で天気《てんき》をあらわす

変化《へんか》する天気《てんき》

天気予報《てんきよほう》には、「一時《いちじ》」や「時々《ときどき》」、「のち」のような、気象現象《きしょうげんしょう》が時間《じかん》とともに変化《へんか》するようすをあらわす用語《ようご》もあります。

曇《くも》り 一時《いちじ》 雨《あめ》

一時《いちじ》

ある現象《げんしょう》が連続《れんぞく》して起《お》こり、その現象《げんしょう》が発生《はっせい》する期間《きかん》が、予報期間《よほうきかん》の1/4より小《ちい》さいとき

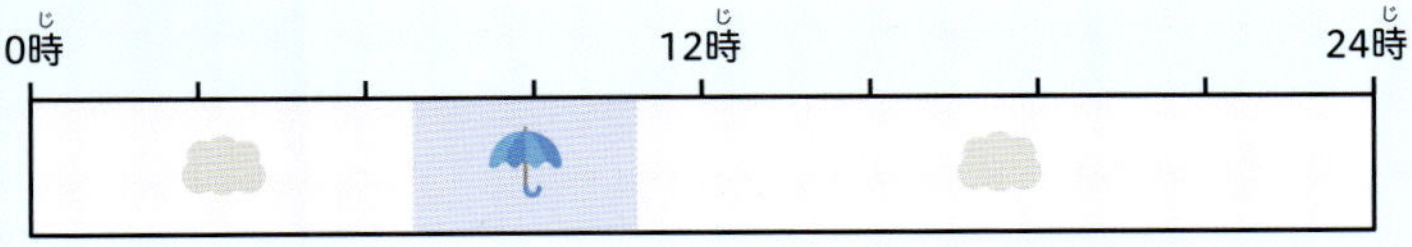

曇《くも》り 時々《ときどき》 雨《あめ》

時々《ときどき》

ある現象《げんしょう》がとぎれとぎれに起《お》こり、その現象《げんしょう》が発生《はっせい》する期間《きかん》の合計《ごうけい》が、予報期間《よほうきかん》の1/2より小《ちい》さいとき

曇《くも》り のち 雨《あめ》

のち

ある現象《げんしょう》が、別《べつ》の現象《げんしょう》のあとに発生《はっせい》するとき

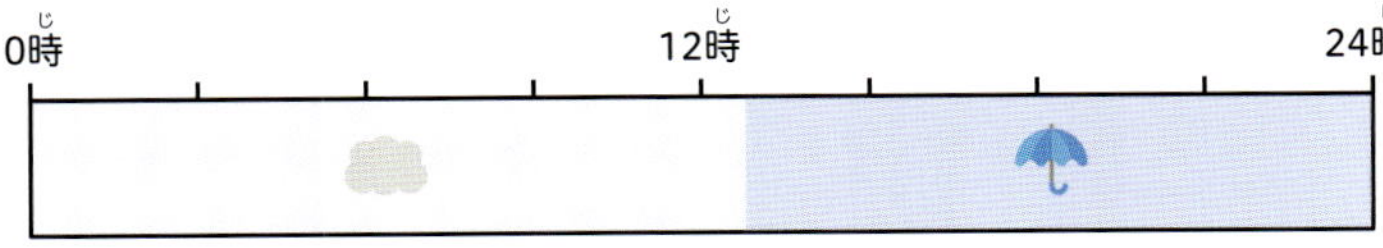

※予報期間《よほうきかん》とは、その天気予報《てんきよほう》の全体《ぜんたい》の期間《きかん》(時間《じかん》)のこと。たとえば、1日《にち》の予報《よほう》の場合《ばあい》は0時《じ》から24時《じ》まで。日中《にっちゅう》の予報《よほう》は9時《じ》から18時《じ》まで。

予報《よほう》をする地域《ちいき》の一部《いちぶ》にその現象《げんしょう》が発生《はっせい》するときには、「ところにより」が使《つか》われるよ。

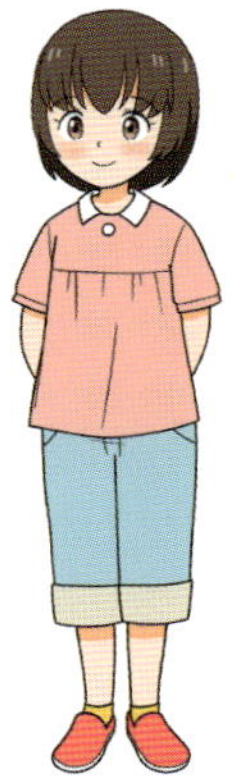

空気《くうき》の流《なが》れをあらわす前線《ぜんせん》

同《おな》じ性質《せいしつ》をもった空気《くうき》のかたまりを「気団《きだん》」↓39ページといいます。そして、異《こと》なる性質《せいしつ》をもった気団《きだん》が接《せっ》する境目《さかいめ》が「前線《ぜんせん》」です。天気図《てんきず》↓59ページでは、前線《ぜんせん》を赤《あか》や青《あお》の線《せん》と、それに接《せっ》する三角《さんかく》や半円《はんえん》であらわします。

温暖前線《おんだんぜんせん》 ➡31ページ

暖《あたた》かい気団《きだん》が冷《つめ》たい気団《きだん》より強《つよ》い場《ば》合《あい》にできる。弱《よわ》い雨《あめ》が長《なが》く降《ふ》り続《つづ》くことがある。

寒冷前線《かんれいぜんせん》 ➡36ページ

冷《つめ》たい気団《きだん》が暖《あたた》かい気団《きだん》より強《つよ》い場《ば》合《あい》にできる。にわか雨《あめ》 ➡61ページや雷雨《らいう》をともなうことがある。

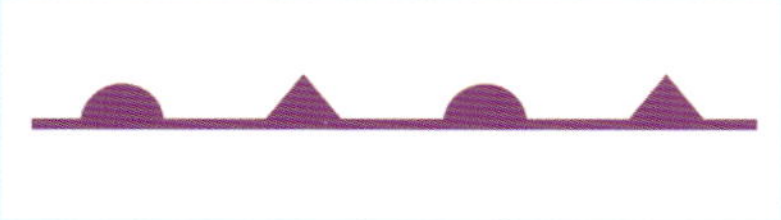

閉塞前線《へいそくぜんせん》

寒冷前線《かんれいぜんせん》が温暖前線《おんだんぜんせん》に追《お》いついたときにできる。前線《ぜんせん》の前後《ぜんご》の空気《くうき》の温《おん》度《ど》によって、寒冷型《かんれいがた》、中立型《ちゅうりつがた》、温暖型《おんだんがた》の3つのタイプがある。

停滞前線《ていたいぜんせん》 ➡58ページ

冷《つめ》たい気団《きだん》と暖《あたた》かい気団《きだん》の強《つよ》さが同《おな》じくらいのときにできる。「梅雨前線《ばいうぜんせん》」➡62ページや「秋雨前線《あきさめぜんせん》」➡57ページは停滞前線《ていたいぜんせん》のひとつ。

空気《くうき》の圧力《あつりょく》をあらわす気圧《きあつ》

空気《くうき》(大気《たいき》)がまわりのもの(地面《じめん》など)を押《お》す力《ちから》のことを「気圧《きあつ》」↓37ページといいます。押《お》す力《ちから》が強《つよ》いと「高気圧《こうきあつ》」、弱《よわ》いと「低気圧《ていきあつ》」になります。天気図《てんきず》で同《おな》じ気圧《きあつ》を結《むす》んだ線《せん》を「等圧線《とうあつせん》」といいます。気《き》圧《あつ》の変化《へんか》の大《おお》きなところでは、「等圧線《とうあつせん》」の間隔《かんかく》がせまくなり、地上《ちじょう》では強《つよ》い風《かぜ》が吹《ふ》きます。

出典:気象庁ホームページ

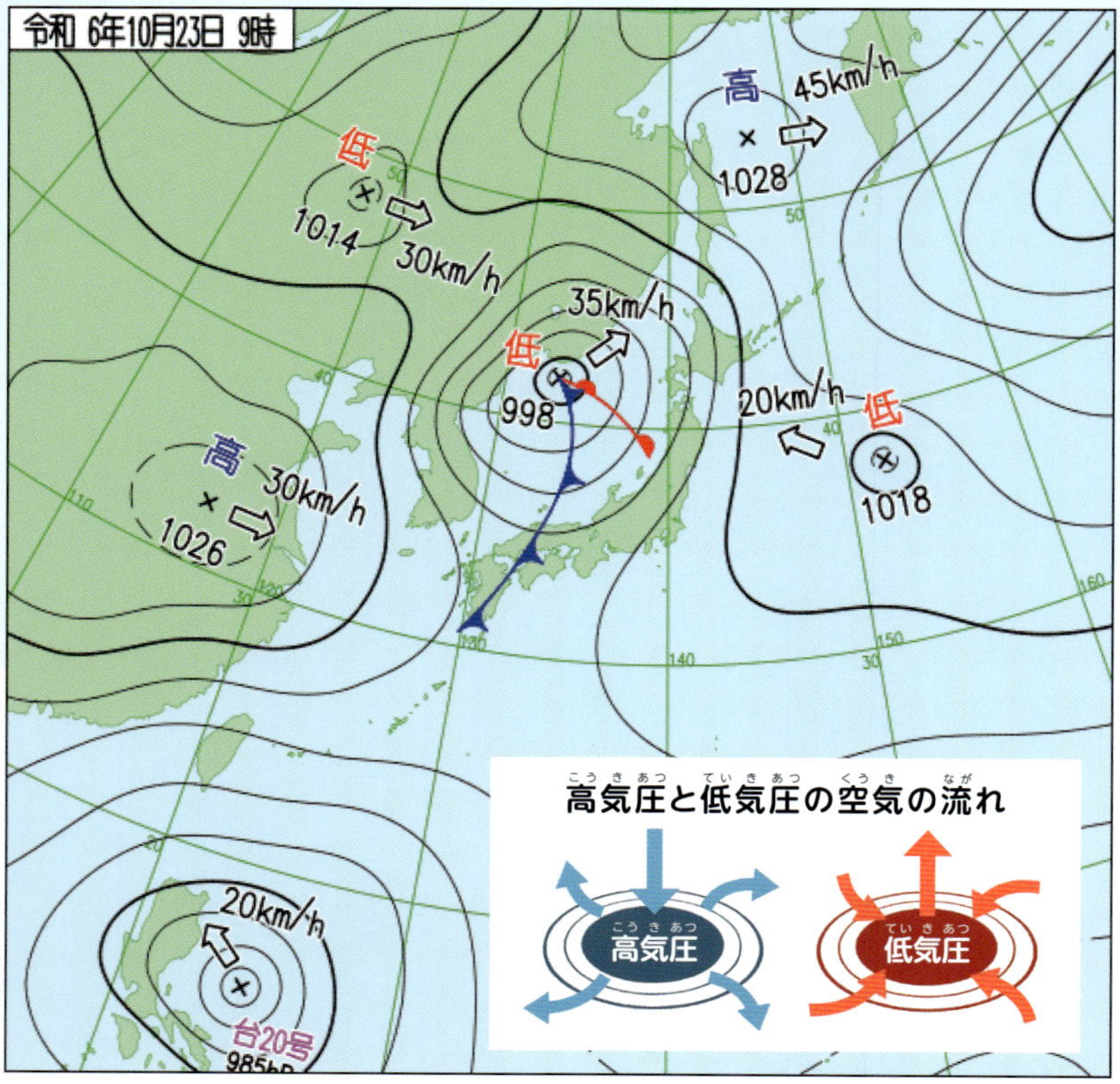

2024年《ねん》10月《がつ》23日《にち》の地上天気図《ちじょうてんきず》。ぐにゃぐにゃと曲《ま》がっている線《せん》が等圧線《とうあつせん》。同《おな》じ気圧《きあつ》の地点《ちてん》を線《せん》で結《むす》んでいる。

危険《きけん》を知《し》らせる予報《よほう》

雨《あめ》や風《かぜ》などによって発生《はっせい》が予想《よそう》される被害《ひがい》や災害《さいがい》から身《み》を守《まも》るために、気象庁《きしょうちょう》から「防災気象情報《ぼうさいきしょうじょうほう》」が発表《はっぴょう》されます。防災気象情報《ぼうさいきしょうじょうほう》にはおもに「注意報《ちゅういほう》」「警報《けいほう》」「特別警報《とくべつけいほう》」があります。特別警報《とくべつけいほう》は、数十年《すうじゅうねん》に一度《いちど》の大雨《おおあめ》が予想《よそう》されるなど、重大《じゅうだい》な災害《さいがい》の起《お》こるおそれが著《いちじる》しく大《おお》きい場合《ばあい》に発表《はっぴょう》されます。災害発生《さいがいはっせい》の危険度《きけんど》は、5段階《だんかい》の警戒《けいかい》レベルで伝《つた》えられます。数字《すうじ》が上《あ》がるほど、危険度《きけんど》が高《たか》まり、警戒《けいかい》レベル4になると市町村《しちょうそん》から避難指示《ひなんしじ》なども出《だ》されます。

注意報《ちゅういほう》 災害《さいがい》の起《お》こるおそれがある場合《ばあい》に発表《はっぴょう》されます。	警報《けいほう》 重大《じゅうだい》な災害《さいがい》が起《お》こるおそれがある場合《ばあい》に発表《はっぴょう》されます。
大雨注意報《おおあめちゅういほう》 大雨《おおあめ》による土砂災害《どしゃさいがい》や浸水害《しんすいがい》の発生《はっせい》するおそれがあると予想《よそう》したときに発表《はっぴょう》される。雨《あめ》がやんでも、土砂災害《どしゃさいがい》などのおそれの残《のこ》っている場合《ばあい》には発表《はっぴょう》が継続《けいぞく》される。	**大雨警報《おおあめけいほう》**
洪水注意報《こうずいちゅういほう》 河川《かせん》の上流域《じょうりゅういき》での大雨《おおあめ》や融雪《ゆうせつ》によって下流《かりゅう》で生《しょう》じる増水《ぞうすい》により洪水災害《こうずいさいがい》の発生《はっせい》するおそれがあると予想《よそう》したときに発表《はっぴょう》される。	**洪水警報《こうずいけいほう》**
波浪注意報《はろうちゅういほう》 高波《たかなみ》による遭難《そうなん》や沿岸施設《えんがんしせつ》の被害《ひがい》など、災害《さいがい》の発生《はっせい》するおそれがあると予想《よそう》したときに発表《はっぴょう》される。	**波浪警報《はろうけいほう》**
高潮注意報《たかしおちゅういほう》 台風《たいふう》や低気圧《ていきあつ》などによる異常《いじょう》な潮位上昇《ちょういじょうしょう》により災害《さいがい》の発生《はっせい》するおそれがあると予想《よそう》したときに発表《はっぴょう》される。	**高潮警報《たかしおけいほう》**
大雪注意報《おおゆきちゅういほう》 降雪《こうせつ》や積雪《せきせつ》による建物《たてもの》の被害《ひがい》や交通障害《こうつうしょうがい》など、大雪《おおゆき》により災害《さいがい》の発生《はっせい》するおそれがあると予想《よそう》したときに発表《はっぴょう》される。	**大雪警報《おおゆきけいほう》**
強風注意報《きょうふうちゅういほう》 強風《きょうふう》により災害《さいがい》の発生《はっせい》するおそれがあると予想《よそう》したときに発表《はっぴょう》される。	**暴風警報《ぼうふうけいほう》** 暴風《ぼうふう》により重大《じゅうだい》な災害《さいがい》の発生《はっせい》するおそれがあると予想《よそう》したときに発表《はっぴょう》される。
風雪注意報《ふうせつちゅういほう》 雪《ゆき》をともなう強風《きょうふう》により災害《さいがい》の発生《はっせい》するおそれや、強風《きょうふう》で雪《ゆき》が舞《ま》って視界《しかい》がさえぎられることによる災害《さいがい》のおそれがあると予想《よそう》したときに発表《はっぴょう》される。	**暴風雪警報《ぼうふうせつけいほう》** 雪《ゆき》をともなう暴風《ぼうふう》により重大《じゅうだい》な災害《さいがい》の発生《はっせい》するおそれがあると予想《よそう》したときに発表《はっぴょう》される。
濃霧注意報《のうむちゅういほう》 濃《こ》い霧《きり》により見通《みとお》しが悪《わる》くなることによる交通障害《こうつうしょうがい》などの災害《さいがい》の発生《はっせい》するおそれがあると予想《よそう》したときに発表《はっぴょう》される。	
雷注意報《かみなりちゅういほう》 落雷《らくらい》のほか、急《きゅう》な強《つよ》い雨《あめ》、突風《とっぷう》、降《こう》ひょうなど積乱雲《せきらんうん》の発達《はったつ》にともない発生《はっせい》する激《はげ》しい気象現象《きしょうげんしょう》による人《ひと》や建物《たてもの》への被害《ひがい》の発生《はっせい》するおそれがあると予想《よそう》したときに発表《はっぴょう》される。	

※注意報《ちゅういほう》には、上《うえ》の表《ひょう》のほかに「乾燥《かんそう》」「なだれ」「着氷《ちゃくひょう》」「着雪《ちゃくせつ》」「融雪《ゆうせつ》」「霜《しも》」「低温《ていおん》」などがある。

天気予報《てんきよほう》では、地域《ちいき》によって噴火《ふんか》や火山灰《かざんばい》の情報《じょうほう》、そして地震《じしん》や津波《つなみ》の情報《じょうほう》も伝《つた》えているよ。

解説《かいせつ》

2 台風《たいふう》について知《し》ろう

日本《にほん》では、毎年夏《まいとしなつ》から秋《あき》にかけてやってくる台風《たいふう》。世界中《せかいじゅう》で大《おお》きな災害《さいがい》を引《ひ》き起《お》こすこともあります。台風《たいふう》はどうして起《お》こるのか、台風情報《たいふうじょうほう》からなにがわかるのか見《み》てみましょう。

東経《とうけい》180度《ど》より西《にし》の北西太平洋《ほくせいたいへいよう》や南《みなみ》シナ海《かい》といった海水温《かいすいおん》の高《たか》い熱帯《ねったい》の海《うみ》の上《うえ》で発生《はっせい》する熱帯低気圧《ねったいていきあつ》のうち、中心付近《ちゅうしんふきん》の最大風速《さいだいふうそく》が秒速《びょうそく》17・2メートル以上《いじょう》に発達《はったつ》したもののことです。地表付近《ちひょうふきん》では反時計《はんとけい》まわりの風《かぜ》が中心《ちゅうしん》へ吹《ふ》きこんで上昇《じょうしょう》しています。

台風《たいふう》の中心《ちゅうしん》には、風《かぜ》が弱《よわ》く雲《くも》のない領域《りょういき》（直径約《ちょっけいやく》20～200キロメートル）があり、それを「台風《たいふう》の目《め》」とよびます。

台風《たいふう》の勢力《せいりょく》を示《しめ》す目安《めやす》として、風《かぜ》の情報《じょうほう》をもとに台風《たいふう》の「大《おお》きさ」と「強《つよ》さ」を表現《ひょうげん》します。日本《にほん》に上陸《じょうりく》をする台風《たいふう》の数《かず》は、世界《せかい》各国《かっこく》で3番目《ばんめ》の多《おお》さになります。

台《たい》風《ふう》ができるまで

①海水《かいすい》が暖《あたた》められて水蒸気《すいじょうき》になる

太陽《たいよう》の熱《ねつ》で海水《かいすい》が暖《あたた》められて蒸発《じょうはつ》し、水蒸気《すいじょうき》にかわります。熱帯《ねったい》では気温《きおん》が高《たか》いため、大気中《たいきちゅう》に多量《たりょう》の水蒸気《すいじょうき》をふくみます。

②水蒸気《すいじょうき》が上昇《じょうしょう》し、上昇気流《じょうしょうきりゅう》が発生《はっせい》する

水蒸気《すいじょうき》をふくむ暖《あたた》かい空気《くうき》は軽《かる》いため上昇《じょうしょう》します。そして、上空《じょうくう》の冷《つめ》たい空気《くうき》で冷《ひ》やされて水滴《すいてき》にかわり、雲《くも》がうまれて大《おお》きな積乱雲《せきらんうん》へと成長《せいちょう》します。

③積乱雲《せきらんうん》が発達《はったつ》して台風《たいふう》になる

いくつもの積乱雲《せきらんうん》がまとまると、地球《ちきゅう》の自転《じてん》の影響《えいきょう》で北半球《きたはんきゅう》では反時計《はんとけい》まわりの渦巻《うずま》きができます。すると、さらに雲《くも》を成長《せいちょう》させる上昇気流《じょうしょうきりゅう》が強《つよ》まり、どんどんと積乱雲《せきらんうん》が発達《はったつ》します。雲《くも》の渦巻《うずま》きが大《おお》きくなることで、台風《たいふう》へと成長《せいちょう》します。

台風《たいふう》は発生《はっせい》する場所《ばしょ》によって名前《なまえ》がかわるよ！

↓33ページ

台風《たいふう》の大《おお》きさ

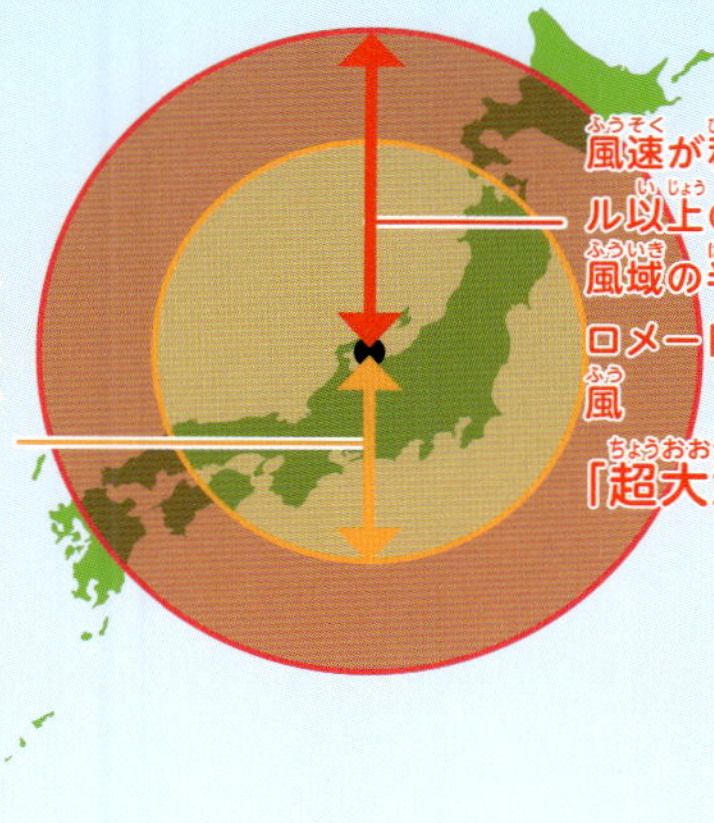
風速《ふうそく》が秒速《びょうそく》15メートル以上《いじょう》の風《かぜ》の吹《ふ》く強風域《きょうふういき》の半径《はんけい》が500キロメートル以上《いじょう》の台風《たいふう》
「大型《おおがた》の台風《たいふう》」
風速《ふうそく》が秒速《びょうそく》15メートル以上《いじょう》の風《かぜ》の吹《ふ》く強風域《きょうふういき》の半径《はんけい》が800キロメートル以上《いじょう》の台風《たいふう》
「超大型《ちょうおおがた》の台風《たいふう》」

台風《たいふう》の強《つよ》さ

最大風速《さいだいふうそく》が秒速《びょうそく》54メートル以上《いじょう》の台風《たいふう》が
「猛烈《もうれつ》な台風《たいふう》」

最大風速《さいだいふうそく》が秒速《びょうそく》44メートル以上《いじょう》の台風《たいふう》が
「非常《ひじょう》に強《つよ》い台風《たいふう》」

最大風速《さいだいふうそく》が秒速《びょうそく》33メートル以上《いじょう》の台風《たいふう》が
「強《つよ》い台風《たいふう》」

台風《たいふう》の予報《よほう》

台風《たいふう》が発生《はっせい》すると、5日先《かさき》までの予報《よほう》が気象庁《きしょうちょう》から出《だ》されます。予報《よほう》の内容《ないよう》は、予《よ》報時刻《ほうじこく》の台風《たいふう》の中心位置《ちゅうしんいち》（予報円《よほうえん》の中心《ちゅうしん》と半径《はんけい》）、進行方向《しんこうほうこう》と速度《そくど》、中心気圧《ちゅうしんきあつ》、最大風《さいだいふう》速《そく》、最大瞬間風速《さいだいしゅんかんふうそく》、暴風警戒域《ぼうふうけいかいいき》です。

台風《たいふう》は、春先《はるさき》は低緯度《ていいど》で発生《はっせい》し、西《にし》に進《すす》みます。夏《なつ》になると海水温《かいすいおん》の上昇《じょうしょう》によって、発生《はっせい》する緯度《いど》が高《たか》くなり、日本《にほん》に向《む》かって北上《ほくじょう》する台風《たいふう》が多《おお》くなります。8月《がつ》の発生《はっせい》数《すう》はいちばん多《おお》く、不安定《ふあんてい》な経路《けいろ》をとりやすくなります。9月以降《がついこう》になると南海上《みなみかいじょう》から放物線《ほうぶつせん》をえがくように日本付《にほんふ》近《きん》を進《すす》みます。上空《じょうくう》の風《かぜ》が弱《よわ》い場《ば》合《あい》や複数《ふくすう》の台風《たいふう》がおたがいに影《えい》響《きょう》をおよぼしあう場合《ばあい》などは、複《ふく》雑《ざつ》な経路《けいろ》となることがあり、「迷《めい》走台風《そうたいふう》」とよばれます。

台風《たいふう》の月別《つきべつ》のおもな経路《けいろ》

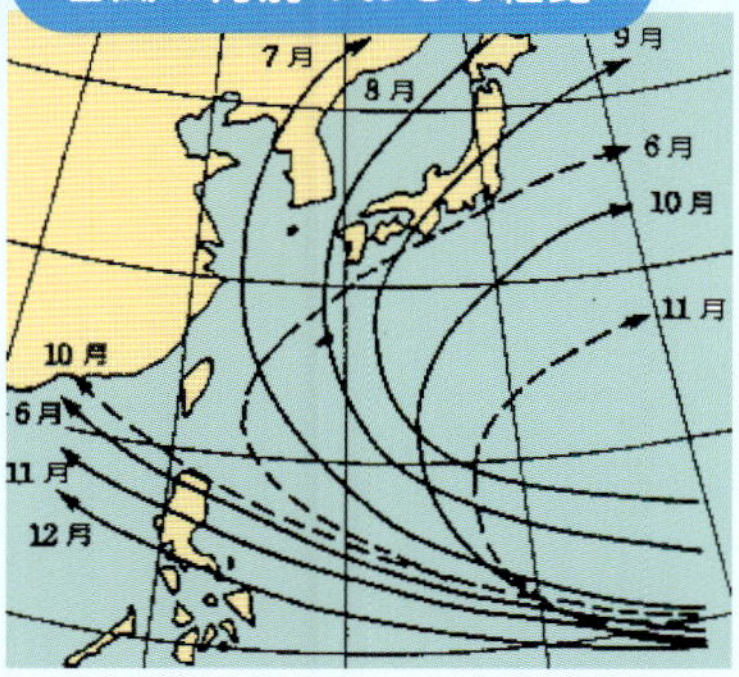

実線《じっせん》はおもな経路《けいろ》。点線《てんせん》はそれに準《じゅん》ずる経《けい》路《ろ》

出典：気象庁

台風《たいふう》の予報経路図《よほうけいろず》

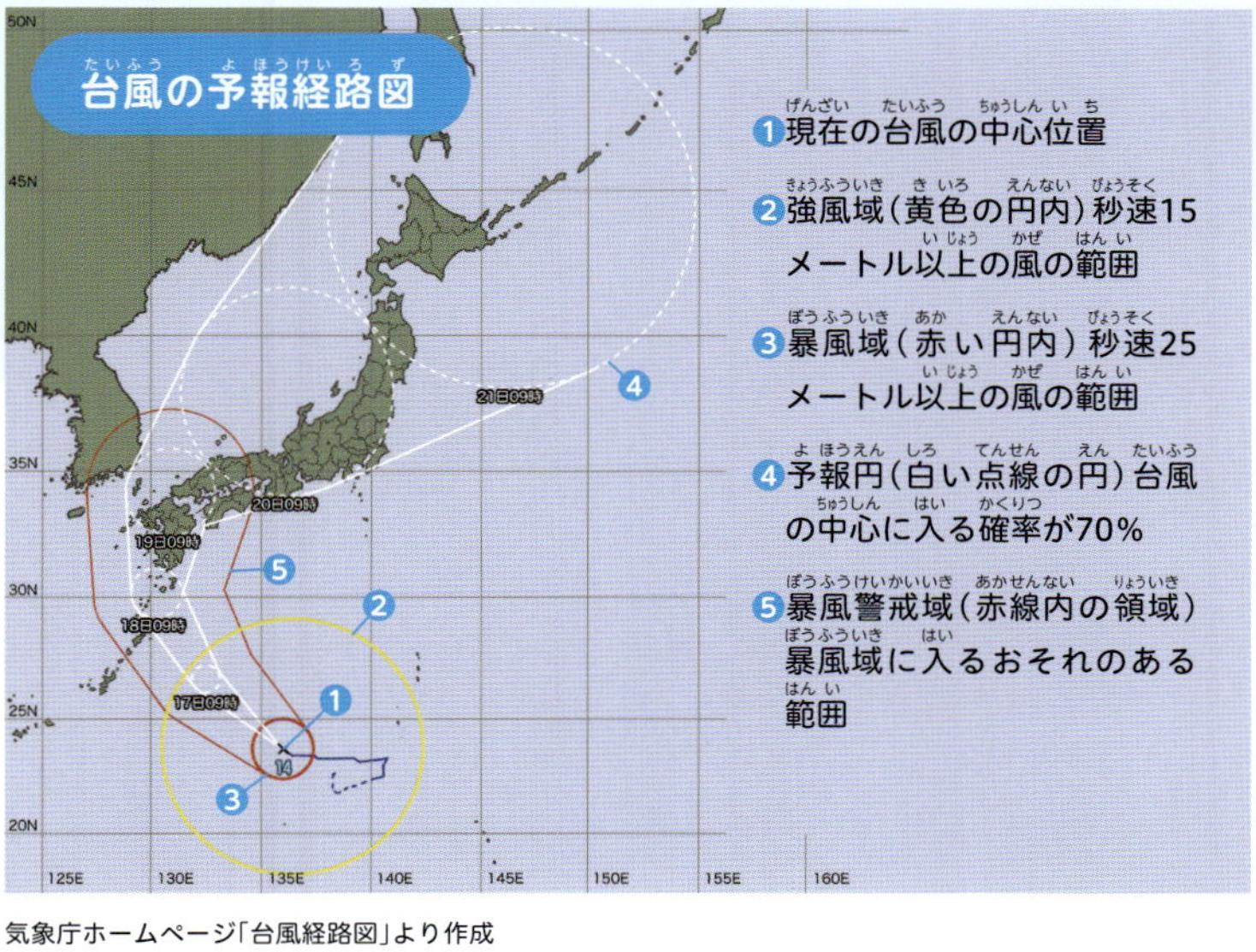

気象庁ホームページ「台風経路図」より作成

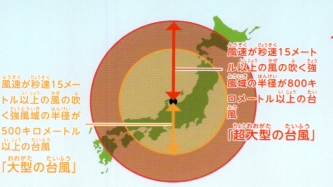

解説《かいせつ》

3

昔《むかし》の暦《こよみ》で使《つか》われていた天気用語《てんきようご》を知《し》ろう

昔《むかし》は、月《つき》を見《み》て暦《こよみ》をつくっていました。今《いま》の太陽《たいよう》をもとにつくったカレンダーとは分《わ》け方《かた》がちがいます。そして、暦《こよみ》に使《つか》われる名前《なまえ》にも気象状況《きしょうじょうきょう》がよく反映《はんえい》されています。

昔使《むかしつか》われていた暦《こよみ》は、月《つき》の満《み》ち欠《か》け 56ページ によって決められていました。「二十四節気《にじゅうしせっき》」は一年《いちねん》を24等分《とうぶん》しています。

まず、一年《いちねん》を2つに分《わ》けた「二《に》分《ぶん》(◆＝春分《しゅんぶん》・秋分《しゅうぶん》)」と、その中《ちゅう》間《かん》で昼《ひる》または夜《よる》がもっとも長《なが》くなる「二至《にし》(◎＝夏至《げし》・冬至《とうじ》)」の4つ「二至二分《にしにぶん》」に分《わ》けます。それに四季《しき》のはじまり「四立《しりつ》(☆＝立春《りっしゅん》・立夏《りっか》・立秋《りっしゅう》・立冬《りっとう》)」を加《くわ》えた8つ「八節《はっせつ》」に分《わ》けます。この八節《はっせつ》が、重要《じゅうよう》な基本《きほん》の節気《せっき》とされています。さらにこの間《あいだ》を3等分《とうぶん》したのが二十四節気《にじゅうしせっき》です。

また、「雑節《ざっせつ》」はおもに農作業《のうさぎょう》や季節《きせつ》の変化《へんか》をつかむための目《め》安《やす》としてつくられました。

月《つき》	二十四節気《にじゅうしせっき》	雑節《ざっせつ》など
一《いち》月《がつ》	小寒《しょうかん》 1月《がつ》6日《か》ごろ 大寒《だいかん》 1月《がつ》20《はつ》日《か》ごろ	上元《じょうげん》 1月《がつ》15日《にち》 土用《どよう》 立春《りっしゅん》の前《まえ》の18日間《にちかん》
二《に》月《がつ》	☆立春《りっしゅん》 2月《がつ》4日《か》ごろ 雨水《うすい》 2月《がつ》20《はつ》日《か》ごろ	節分《せつぶん》 2月《がつ》3日《か》ごろ
三《さん》月《がつ》	啓蟄《けいちつ》 3月《がつ》6日《か》ごろ ◆春分《しゅんぶん》 3月《がつ》21日《にち》ごろ	春《はる》の社日《しゃにち》 春分《しゅんぶん》にもっとも近《ちか》い戊《つちのえ》の日《ひ》 春《はる》の彼岸《ひがん》 春分《しゅんぶん》の日《ひ》を中日《なかび》として前後《ぜんご》3日間《かかん》
四《し》月《がつ》	清明《せいめい》 4月《がつ》5日《か》ごろ 穀雨《こくう》 4月《がつ》20《はつ》日《か》ごろ	土用《どよう》 立夏《りっか》の前《まえ》の18日間《にちかん》
五《ご》月《がつ》	☆立夏《りっか》 5月《がつ》6日《か》ごろ 小満《しょうまん》 5月《がつ》21日《にち》ごろ	八十八夜《はちじゅうはちや》 立春《りっしゅん》から数《かぞ》えて88日目《にちめ》

「二十四節気《にじゅうしせっき》」をさらに3等分《とうぶん》にした「七十二候《しちじゅうにこう》」というのもある。自然現象《しぜんげんしょう》をより鮮明《せんめい》に見聞《みき》きすることで、季節《きせつ》の変化《へんか》や農作業《のうさぎょう》の目安《めやす》にしていたんだ。
たとえば、立春《りっしゅん》には
初候《しょこう》・東風解凍《はるかぜこおりをとく》（暖《あたた》かい風《かぜ》が吹《ふ》いて、川《かわ》や池《いけ》の氷《こおり》がとけ出《だ》すころ）
次候《じこう》・黄鶯見睆《うぐいすなく》（ウグイスが美《うつく》しく鳴《な》き出《だ》すころ）
末候《まっこう》・魚氷上《うおこおりをいずる》（暖《あたた》かくなって湖《みずうみ》の氷《こおり》が割《わ》れ、魚《さかな》がはね上《あ》がるころ）
などがある。

月	二十四節気	雑節
六月《ろくがつ》	芒種《ぼうしゅ》 6月《がつ》6日《か》ごろ ◎夏至《げし》 6月《がつ》21日《にち》ごろ	入梅《にゅうばい》 6月《がつ》11日《にち》ごろ 夏越《なごし》の大祓《おおはらえ》 6月《がつ》30日《にち》
七月《しちがつ》	小暑《しょうしょ》 7月《がつ》7日《か》ごろ 大暑《たいしょ》 7月《がつ》23日《にち》ごろ	半夏生《はんげしょう》 夏至《げし》から11日目《にちめ》 中元《ちゅうげん》／盂蘭盆《うらぼん》 7月《がつ》15日《にち》 土用《どよう》 立秋《りっしゅう》の前《まえ》の18日間《にちかん》
八月《はちがつ》	☆立秋《りっしゅう》 8月《がつ》8日《か》ごろ 処暑《しょしょ》 8月《がつ》23日《にち》ごろ	
九月《くがつ》	白露《はくろ》 9月《がつ》8日《か》ごろ ◆秋分《しゅうぶん》 9月《がつ》23日《にち》ごろ	二百十日《にひゃくとおか》 立春《りっしゅん》から210日目《にちめ》 二百二十日《にひゃくはつか》 立春《りっしゅん》から220日目《にちめ》 秋《あき》の社日《しゃにち》 秋分《しゅうぶん》にもっとも近《ちか》い戊《つちのえ》の日《ひ》 秋《あき》の彼岸《ひがん》 秋分《しゅうぶん》の日《ひ》を中日《なかび》として前後《ぜんご》3日間《かかん》
十月《じゅうがつ》	寒露《かんろ》 10月《がつ》8日《か》ごろ 霜降《そうこう》 10月《がつ》24日《か》ごろ	下元《かげん》 10月《がつ》15日《にち》 土用《どよう》 立冬前《りっとうまえ》の18日間《にちかん》
十一月《じゅういちがつ》	☆立冬《りっとう》 11月《がつ》7日《か》ごろ 小雪《しょうせつ》 11月《がつ》23日《にち》ごろ	
十二月《じゅうにがつ》	大雪《たいせつ》 12月《がつ》7日《か》ごろ ◎冬至《とうじ》 12月《がつ》22日《にち》ごろ	大祓《おおはらえ》 12月《がつ》31日《にち》

天気《てんき》用語《ようご》で遊《あそ》ぼう

天気《てんき》用語《ようご》を使《つか》って遊《あそ》んでみよう。天気《てんき》にかかわるクイズや漢字《かんじ》、天気図《てんきず》などにチャレンジしてね。

答《こた》えは ↓24ページ

チャレンジ 1 ことわざ・慣用句《かんようく》クイズ

天気《てんき》にまつわるいい伝《つた》えや、ことわざ・慣用句《かんようく》はたくさん! あなうめや、○×クイズに挑戦《ちょうせん》だ!

↓76ページ

あなうめクイズ

朝《あさ》、（　　）に水滴《すいてき》がついていたら晴《は》れ ↓23ページ

（　　）の嫁入《よめい》り ↓70ページ

（　　）が顔《かお》を洗《あら》うと雨《あめ》 ↓23ページ

（　　）焼《や》けは雨《あめ》、（　　）焼《や》けは晴《は》れ ↓22ページ

上《うえ》の3つは、生《い》きものに関《かん》することばが入《はい》るよ。

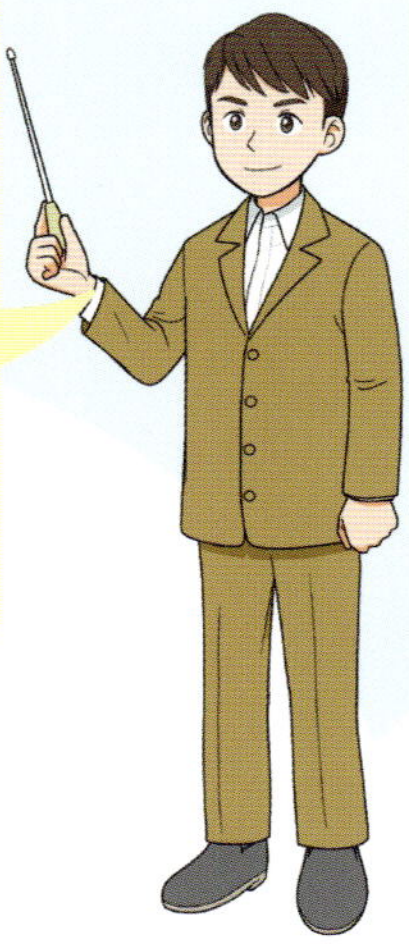

※チャレンジ1～5はコピーフリーです。遊《あそ》ぶときは、コピーをしたものに書《か》いてください。

○×クイズ

三《さん》寒《かん》四《し》温《おん》

寒《さむ》い日《ひ》が続《つづ》いたあと、暖《あたた》かい日《ひ》が続《つづ》くこと。

↓46ページ

（　　）

小《こ》春《はる》日《び》和《より》

暖《あたた》かく穏《おだ》やかな晴天《せいてん》になる春《はる》の日《ひ》のこと。

↓76ページ

（　　）

みんなは聞《き》いたこと、使《つか》ったことはあるかな？

春《しゅん》日《じつ》遅《ち》遅《ち》

寒《さむ》さが長引《ながび》いて、春《はる》がなかなかやってこないこと。

↓76ページ

（　　）

五《ご》風《ふう》十《じゅう》雨《う》

五日《いつか》ごとに風《かぜ》が吹《ふ》き、十日《とおか》ごとに雨《あめ》が降《ふ》り、天候《てんこう》が順《じゅん》調《ちょう》なこと。

↓76ページ

（　　）

昔《むかし》、よく使《つか》われていたことばもありそうだね！

チャレンジ

2

天気用語《てんきようご》でよく見《み》る漢字《かんじ》を書《か》いてみよう!

?の部首《ぶしゅ》と下《した》にある漢字《かんじ》の一部《いちぶ》を組《く》み合《あ》わせると天気《てんき》用語《ようご》でよく見《み》かける漢字《かんじ》になるよ。それぞれどんな部首《ぶしゅ》が入《はい》るか考《かんが》えてみよう。

Q1

? ＋

ヒント1
空《そら》にぷかぷかうかんでいるよ

Q2

？

＋

青

生

雲

き

ヒント2

暑《あつ》そうな天気《てんき》だね

Q3

？

＋

皮

由

毎

昷

ヒント3

夕陽《ゆうひ》はどこに沈《しず》んでいってる？

チャレンジ 3

天気《てんき》を観測《かんそく》する装置《そうち》当《あ》てクイズ

天気《てんき》に関《かん》する観測装置《かんそくそうち》にはいろいろな種類《しゅるい》があるよ。それぞれのイラストと名前《なまえ》を線《せん》で結《むす》んでみよう。

① 気象《きしょう》レーダー

アンテナを回転《かいてん》させながら電波《でんぱ》を発射《はっしゃ》し、半径数百《はんけいすうひゃく》キロの広範囲内《こうはんいない》に存在《そんざい》する雨《あめ》や雪《ゆき》を観測《かんそく》します。

② 温度計《おんどけい》、湿度計《しつどけい》

電気《でんき》を利用《りよう》した電気式《でんきしき》温度計《おんどけい》で、気温《きおん》を観測《かんそく》しています。直射日光《ちょくしゃにっこう》を避《さ》けるために金属製《きんぞくせい》の筒《つつ》である通風筒《つうふうとう》の中《なか》に、温度計《おんどけい》と湿度計《しつどけい》が入《はい》っています。通風筒《つうふうとう》にはファンがついていて、内部《ないぶ》の空気《くうき》を入《い》れかえるしくみになっています。

③ 静止気象衛星《せいしきしょうえいせい》（ひまわり）

赤道《せきどう》の上空約《じょうくうやく》35800キロメートルで雲《くも》などの観測《かんそく》を行《おこな》って、観測《かんそく》データを地上《ちじょう》へ送《おく》っています。地球《ちきゅう》の自転《じてん》と同《おな》じ周期《しゅうき》で地球《ちきゅう》のまわりをまわっているため、いつも地球《ちきゅう》の同《おな》じ範囲《はんい》を宇宙《うちゅう》から観測《かんそく》することができます。

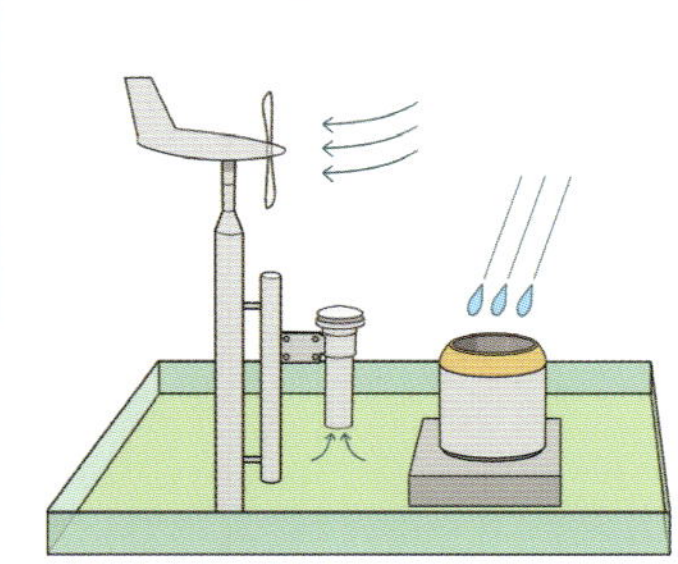

※チャレンジ１～５はコピーフリーです。遊《あそ》ぶときは、コピーをしたものに書《か》いてください。

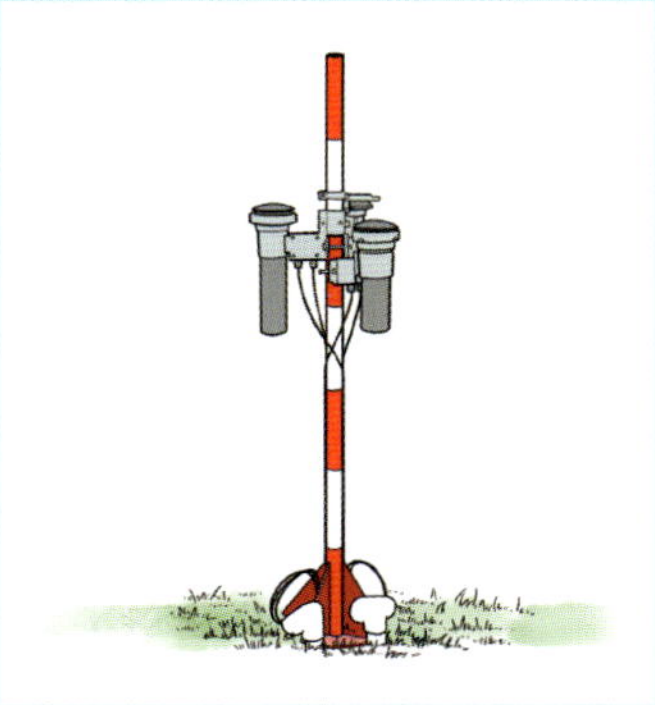

4 アメダス

英語《えいご》の「Automated《オートメイティッド》 Meteorological《メテオロロジカル》 Data《データ》 Acquisition《アクイジション》 System《システム》」の略《りゃく》で、「地域気象観測《ちいききしょうかんそく》システム」といいます。降水量《こうすいりょう》、風向《ふうこう》・風速《ふうそく》、気温《きおん》、湿度《しつど》の観測《かんそく》を、自動的《じどうてき》に行《おこな》うシステムで、1974年《ねん》に運用《うんよう》が開始《かいし》され、全国《ぜんこく》に約《やく》1,300か所《しょ》の観測点《かんそくてん》があります。

5 積雪計《せきせつけい》

雪面《せつめん》に発射《はっしゃ》したレーザー光《こう》が反射《はんしゃ》してくるまでの時間《じかん》から、積雪《せきせつ》の深《ふか》さを観測《かんそく》します。レーザー式積雪計《しきせきせつけい》のほかにも、超音波《ちょうおんぱ》を出《だ》して観測《かんそく》をする超音波式積雪計《ちょうおんぱしきせきせつけい》もあります。

6 ウインドプロファイラ

地上《ちじょう》に設置《せっち》したアンテナから電波《でんぱ》を発射《はっしゃ》し、上空《じょうくう》の風《かぜ》を観測《かんそく》する機器《きき》です。最大《さいだい》12キロメートルまでの高《たか》さの風向《ふうこう》・風速《ふうそく》を10分《ぷん》ごとに観測《かんそく》することができます。

7 ラジオソンデ

気温《きおん》や湿度《しつど》、風向風速《ふうこうふうそく》をはかる機器《きき》で、気球《ききゅう》につるして飛《と》ばし上空《じょうくう》の大気《たいき》の状態《じょうたい》を観測《かんそく》します。上空約《じょうくうやく》30キロメートルまで上昇《じょうしょう》して、観測《かんそく》したデータを無線《むせん》で地上《ちじょう》にとどけます。限界《げんかい》までふくらんだ気球《ききゅう》は破裂《はれつ》し、パラシュートが開《ひら》いてゆっくり落下《らっか》します。

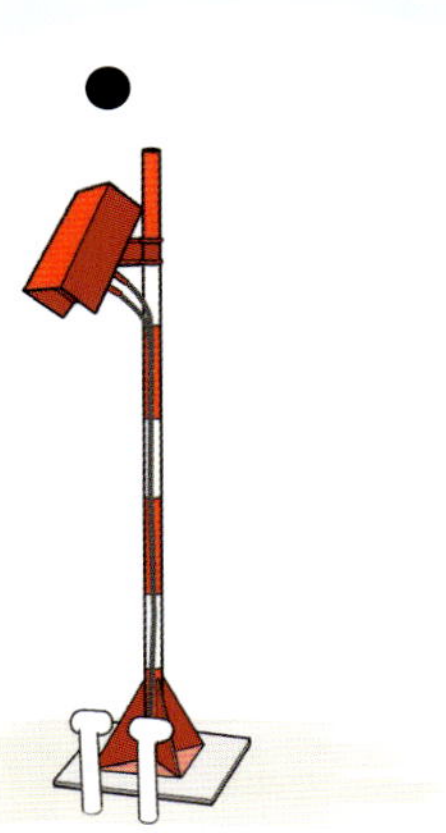

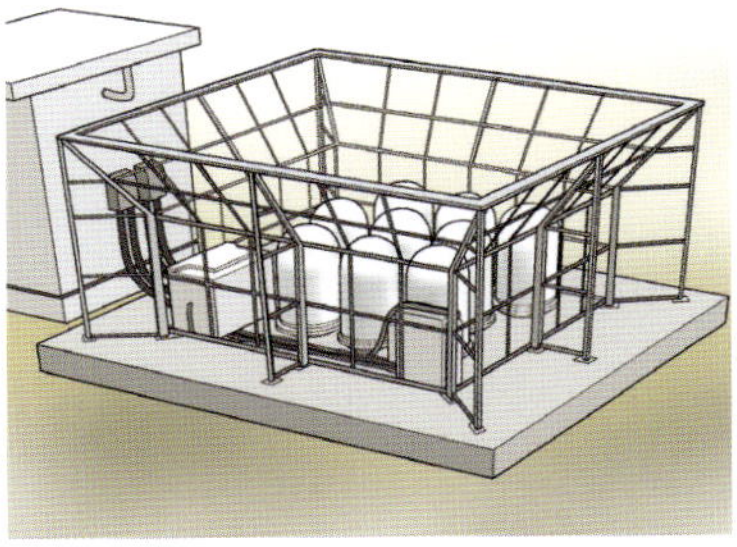

チャレンジ

4

天気図《てんきず》から一年《いちねん》のうちのいつごろか当《あ》てよう

天気図《てんきず》を見《み》て、いつごろの季節《きせつ》のものか当《あ》ててみよう。前線《ぜんせん》や気圧《きあつ》に注目《ちゅうもく》！

①

②

チャレンジ

5

お天気《てんき》キャスターになりきろう

チャレンジ4の①の天気図《てんきず》を見《み》て、ヒントのことばを使《つか》ってセリフを考《かんが》えよう。

天気図《てんきず》に関係《かんけい》することば

ヒント

天気《てんき》、梅雨《つゆ》、梅雨前線《ばいうぜんせん》、低気圧《ていきあつ》、雲《くも》、雨《あめ》、大雨《おおあめ》、太平洋高気圧《たいへいようこうきあつ》、警戒《けいかい》、洗濯《せんたく》

たとえば……

梅雨前線《ばいうぜんせん》の活動《かつどう》が活発《かっぱつ》になるとみられ、大雨《おおあめ》に警戒《けいかい》が必要《ひつよう》です。

前線《ぜんせん》も低気圧《ていきあつ》のように雨《あめ》の降《ふ》る場所《ばしょ》だよね。

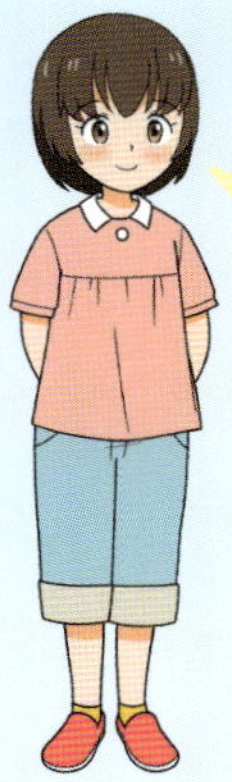

天気予報《てんきよほう》でよく出《で》ることば

「日《ひ》・時間帯《じかんたい》」をあらわすことば

去年《きょねん》、今年《ことし》、平年《へいねん》、先月《せんげつ》、今月《こんげつ》、昨日《きのう》、今日《きょう》、明日《あす》、いっぱい、
～から～にかけて、数日《すうじつ》、しばらく、未明《みめい》、明《あ》け方《がた》、朝《あさ》、昼《ひる》ごろ、
夕方《ゆうがた》、夜《よる》、時々《ときどき》、一時《いちじ》、続《つづ》く、のち、しだいに

「地形《ちけい》や範囲《はんい》」をあらわすことば

海上《かいじょう》、陸上《りくじょう》、山地《さんち》、平地《へいち》、低《ひく》い土地《とち》、沿岸部《えんがんぶ》、全国的《ぜんこくてき》に、地方《ちほう》、内陸《ないりく》、
局地的《きょくちてき》、ところにより

「気温《きおん》や体感《たいかん》」をあらわすことば

冷《ひ》えこむ、暑《あつ》い、寒《さむ》い、涼《すず》しい、暖《あたた》かい、気温《きおん》、氷点下《ひょうてんか》、最低気温《さいていきおん》、
最高気温《さいこうきおん》、寒波《かんぱ》、寒気《かんき》、真夏日《まなつび》、猛暑日《もうしょび》、熱帯夜《ねったいや》、真冬日《まふゆび》、冬日《ふゆび》、夏日《なつび》

「程度《ていど》・確率《かくりつ》・可能性《かのうせい》」をあらわす語群《ごぐん》

高《たか》い、低《ひく》い、多《おお》い、少《すく》ない、早《はや》い、平年並《へいねんな》み、～のおそれ、
比較的《ひかくてき》、～しやすい

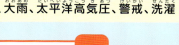

天気《てんき》を予想《よそう》してみよう

身《み》のまわりのものを観察《かんさつ》して天気《てんき》を見《み》きわめよう！ 気《き》象予報士《しょうよほうし》になれるかも!?

空《そら》を見《み》て予想《よそう》

縦《たて》に大《おお》きく発達《はったつ》した積乱雲《せきらんうん》や、低《ひく》く空《そら》をおおう灰色《はいいろ》の乱層雲《らんそううん》があると雨《あめ》！ どちらも雨《あめ》を降《ふ》らす雲《くも》です。

➡40ページ

朝焼《あさや》けがよく見《み》えると雨《あめ》！ 明《あか》るい朝《あさ》焼《や》けの翌日以降《よくじついこう》は、天気《てんき》が崩《くず》れる可能《かのう》性《せい》が高《たか》いといわれています。

夕焼《ゆうや》けがよく見《み》えると晴《は》れ！ きれいな夕焼《ゆうや》けが見《み》えると、翌日《よくじつ》は晴《は》れることが多《おお》いといわれています。

➡74ページ

生《い》きもので予想《よそう》

クモ

クモの巣《す》に朝露《あさつゆ》がかかっていると晴《は》れ！　晴《は》れた夜《よる》は気温《きおん》が一気《いっき》に下《さ》がります。すると、空気中《くうきちゅう》の水蒸気《すいじょうき》が冷《ひ》やされて水《みず》にかわり、クモの巣《す》に水滴《すいてき》がつきます。

ツバメ

ツバメが低《ひく》く飛《と》ぶと雨《あめ》！　雨《あめ》が近《ちか》づくと湿気《しっけ》が増《ま》して、ツバメのエサである虫《むし》の羽《はね》が重《おも》くなり低《ひく》く飛《と》ぶようになるためです。「トンボが低《ひく》く飛《と》ぶと雨《あめ》」も同《おな》じです。

ネコ

ネコが顔《かお》を洗《あら》うと雨《あめ》！　雨《あめ》が近《ちか》づいて空気中《くうきちゅう》の湿度《しつど》が高《たか》くなると、重《おも》たくなったヒゲが気《き》になって顔《かお》を洗《あら》うように手《て》で顔《かお》をこするしぐさをするといわれています。

カエル

カエルが盛《さか》んに鳴《な》くときは、雨《あめ》！　皮《ひ》膚呼吸《ふこきゅう》をするカエルは、雨《あめ》が近《ちか》づいて湿度《しつど》が高《たか》くなると活動的《かつどうてき》になるからです。

生《い》きものから天気《てんき》を予想《よそう》できるんだね！

靴《くつ》を飛《と》ばして予想《よそう》!?

「あ～した天気《てんき》になーれ！」っていって飛《と》ばすんだよね！　みんなでやるとおもしろいよ。だれが当《あ》たるかな？

靴《くつ》を空高《そらたか》く飛《と》ばし、落《お》ちた靴《くつ》の向《む》きで天気《てんき》を占《うらな》う「靴飛《くつと》ばし」。靴《くつ》が表《おもて》を向《む》いたら「晴《は》れ」、横向《よこむ》きだと「曇《くも》り」、裏《うら》を向《む》いたら「雨《あめ》」です。当《あ》たるか、外《はず》れるかは運《うん》しだい!?

天気《てんき》用語《ようご》で遊《あそ》ぼう 答《こた》え

14~15ページの答《こた》え

朝《あさ》、(蜘蛛《くも》の巣《す》)に水滴《すいてき》がついていたら晴《は》れ

(狐《きつね》)の嫁《よめ》入《い》り

(猫《ねこ》)が顔《かお》を洗《あら》うと雨《あめ》

(朝《あさ》)焼《や》けは雨《あめ》、(夕《ゆう》)焼《や》けは晴《は》れ

三寒四温《さんかんしおん》→○

もともと大陸《たいりく》の冬《ふゆ》の気候《きこう》をあらわすことばで、ことばの意味《いみ》としては○だが、日本《にほん》の気候《きこう》にあわないため、だんだん暖《あたた》かくなる春先《はるさき》の天候《てんこう》ととらえる人《ひと》もいる。

小春日和《こはるびより》→×

春日遅遅《しゅんじつちち》→×

五風十雨《ごふうじゅうう》→○

16~17ページの答《こた》え

① 雨《あめ》 できる漢字《かんじ》/雲《くも》、雪《ゆき》、雷《かみなり》、霜《しも》、雫《しずく》、霧《きり》

② 日《ひ》 できる漢字《かんじ》/星《ほし》、晴《はれ》、時《とき》、曇《くもり》

③ 氵《さんずい》 できる漢字《かんじ》/波《なみ》、油《あぶら》、海《うみ》、温《あつし》

18~19ページの答《こた》え

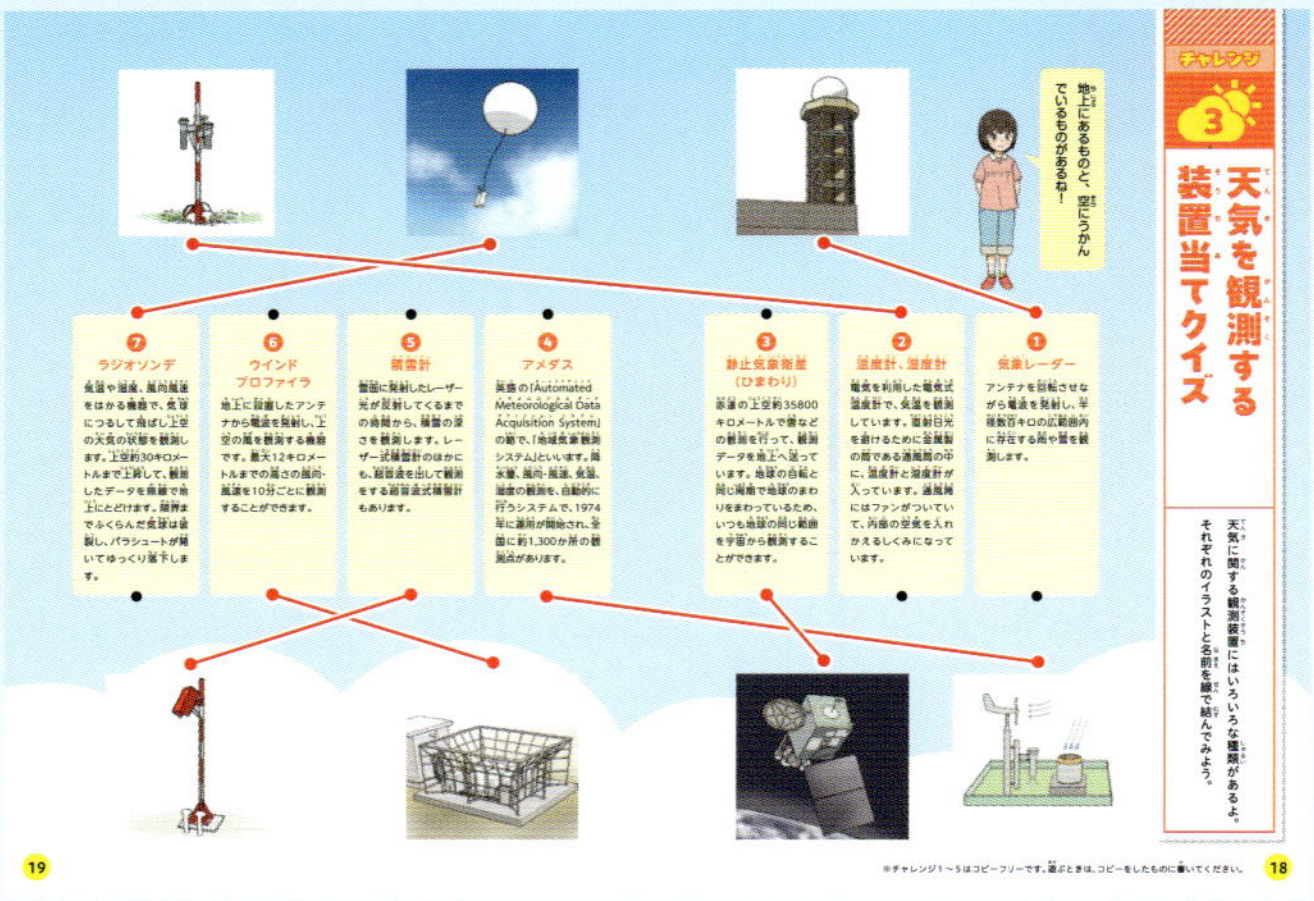

20ページの答《こた》え

① 梅雨《つゆ》時期《じき》の天気図《てんきず》

② 冬《ふゆ》の天気図《てんきず》

21ページの答《こた》え

回答例《かいとうれい》

梅雨前線《ばいうぜんせん》や低気圧《ていきあつ》の影響《えいきょう》で、広《ひろ》い範囲《はんい》で雨《あめ》が降《ふ》るでしょう。洗濯物《せんたくもの》の外干《そとぼ》しには不向《ふむ》きな天気《てんき》となりそうです。

2章《しょう》 天気用語《てんきようご》を学《まな》ぼう

1 ……見開《みひら》きで紹介《しょうかい》している用語《ようご》があ行《ぎょう》、か行《ぎょう》など、どの行《ぎょう》にあたることばかを示《しめ》す

2 ……見開《みひら》きで紹介《しょうかい》している最初《さいしょ》と最後《さいご》の用語《ようご》

3 ……紹介《しょうかい》する用語《ようご》（五十音順《ごじゅうおんじゅん》に紹介《しょうかい》）

4 ……季語《きご》。春 春《はる》の季語《きご》、夏 夏《なつ》の季語《きご》、秋 秋《あき》の季語《きご》、冬 冬《ふゆ》の季語《きご》

5 ……用語《ようご》の意味《いみ》

6 ……用語《ようご》を使《つか》った文章例《ぶんしょうれい》。句 俳句《はいく》、例 お天気《てんき》キャスターさんのセリフや歌《うた》など

7 ……用語《ようご》の関連《かんれん》する写真《しゃしん》やイラスト

8 ……コラム。決《き》まったテーマで集《あつ》めたことばや、それに関連《かんれん》することを紹介《しょうかい》

9 ……ほかのページで紹介《しょうかい》している用語《ようご》

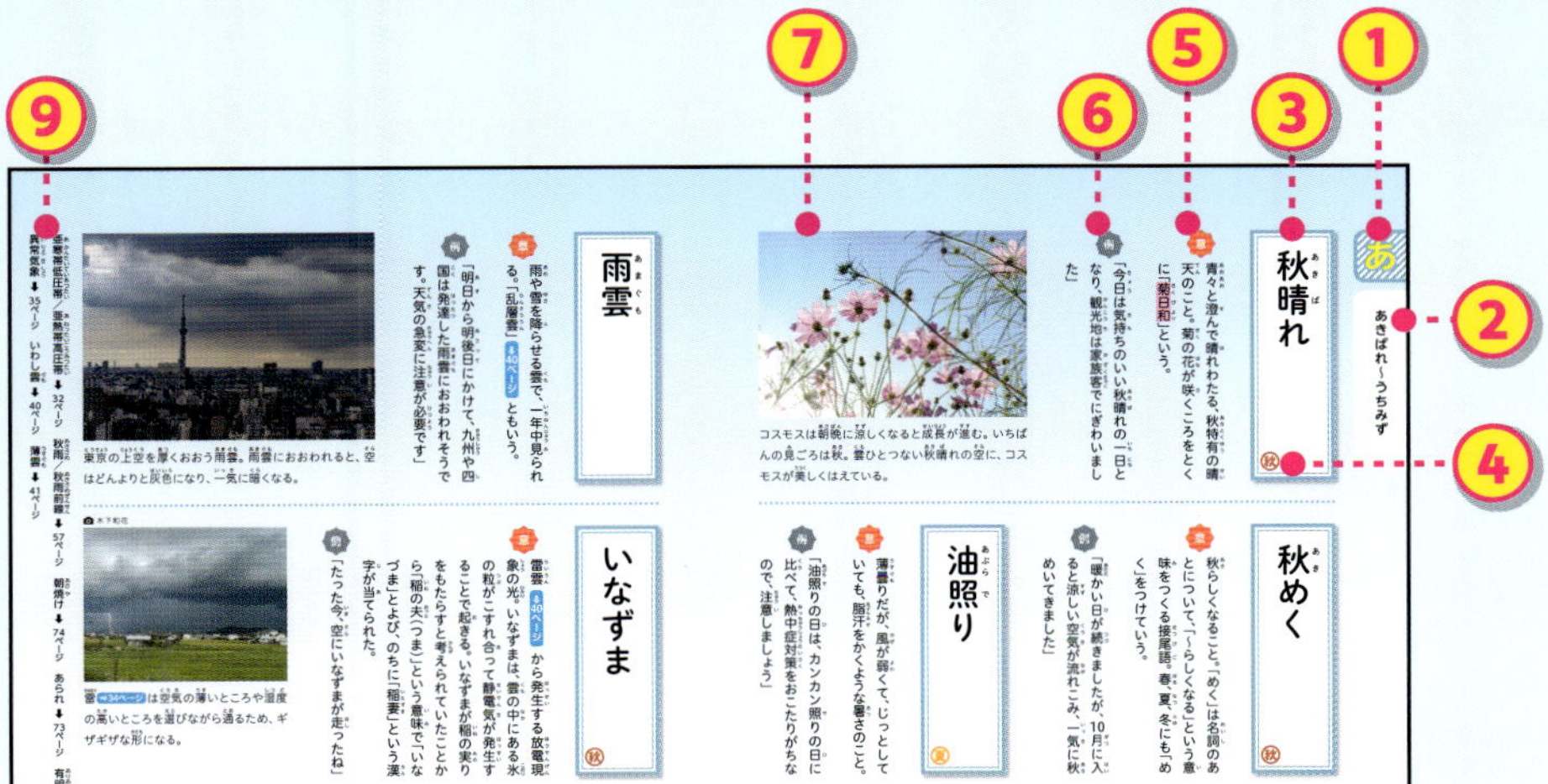

秋晴《あきば》れ

秋

意

青々《あおあお》と澄《す》んで晴《は》れわたる、秋特有《あきとくゆう》の晴天《せいてん》のこと。菊《きく》の花《はな》が咲《さ》くころをとくに「菊日和《きくびより》」という。

例

「今日《きょう》は気持《きも》ちのいい秋晴《あきば》れの一日《いちにち》となり、観光地《かんこうち》は家族客《かぞくきゃく》でにぎわいました」

コスモスは朝晩《あさばん》に涼《すず》しくなると成長《せいちょう》が進《すす》む。いちばんの見《み》ごろは秋《あき》。雲《くも》ひとつない秋晴《あきば》れの空《そら》に、コスモスが美《うつく》しくはえている。

秋《あき》めく

秋

意

秋《あき》らしくなること。「めく」は名詞《めいし》のあとについて、「～らしくなる」という意《い》味《み》をつくる接尾語《せつびご》。春《はる》、夏《なつ》、冬《ふゆ》にも「めく」をつけていう。

例

「暖《あたた》かい日《ひ》が続《つづ》きましたが、10月《がつ》に入《はい》ると涼《すず》しい空気《くうき》が流《なが》れこみ、一気《いっき》に秋《あき》めいてきました」

油照《あぶらで》り

夏

意

薄曇《うすぐも》りだが、風《かぜ》が弱《よわ》くて、じっとしていても、脂汗《あぶらあせ》をかくような暑《あつ》さのこと。

例

「油照《あぶらで》りの日《ひ》は、カンカン照《で》りの日《ひ》に比《くら》べて、熱中症対策《ねっちゅうしょうたいさく》をおこたりがちなので、注意《ちゅうい》しましょう」

コラム

どちらも晴《は》れ？

油照《あぶらで》りも炎暑《えんしょ》も暑《あつ》い日《ひ》に使《つか》われる天気《てんき》用語《ようご》。2つの空模様《そらもよう》を写真《しゃしん》で比《くら》べてみよう。

油照《あぶらで》り

薄日《うすび》がジリジリと照《て》りつけてくる。

炎暑《えんしょ》

焼《や》けつくような真夏《まなつ》の暑《あつ》さ。

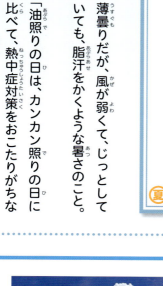

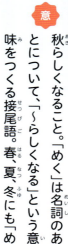

雨雲《あまぐも》

意 雨《あめ》や雪《ゆき》を降《ふ》らせる雲《くも》で、一年中《いちねんじゅう》見《み》られる。「乱層雲《らんそううん》」⬇40ページ ともいう。

例 「明日《あす》から明後日《あさって》にかけて、九州《きゅうしゅう》や四国《しこく》は発達《はったつ》した雨雲《あまぐも》におおわれそうです。天気《てんき》の急変《きゅうへん》に注意《ちゅうい》が必要《ひつよう》です」

東京《とうきょう》の上空《じょうくう》を厚《あつ》くおおう雨雲《あまぐも》。雨雲《あまぐも》におおわれると、空《そら》はどんよりと灰色《はいいろ》になり、一気《いっき》に暗《くら》くなる。

いなずま

秋

意 雷雲《らいうん》⬇40ページ から発生《はっせい》する放電現象《ほうでんげんしょう》の光《ひかり》。いなずまは、雲《くも》の中《なか》にある氷《こおり》の粒《つぶ》がこすれ合《あ》って静電気《せいでんき》が発生《はっせい》することで起《お》きる。いなずまが稲《いね》の実《みの》りをもたらすと考《かんが》えられていたことから「稲《いね》の夫《おっと》（つま）」という意味《いみ》で「いなづま」とよび、のちに「稲妻《いなずま》」という漢字《かんじ》が当《あ》てられた。

例 「たった今《いま》、空《そら》にいなずまが走《はし》ったね」

木下和花

雷《かみなり》➡34ページは空気《くうき》の薄《うす》いところや湿度《しつど》の高《たか》いところを選《えら》びながら通《とお》るため、ギザギザな形《かたち》になる。

薄曇《うすぐも》り

意 空全体《そらぜんたい》が薄《うす》く雲《くも》におおわれている天気《てんき》のこと。天気予報《てんきよほう》では、薄曇《うすぐも》りも「晴《は》れ」にふくまれる。春《はる》は空《そら》にチリやホコリが舞《ま》い上《あ》がりやすく、空気中《くうきちゅう》の水蒸気《すいじょうき》も増《ふ》えるため、薄曇《うすぐも》りの日《ひ》が多《おお》くなる。

例 「来週《らいしゅう》は、春先《はるさき》らしい薄曇《うすぐも》りの日《ひ》が続《つづ》くでしょう」

打《う》ち水《みず》

夏

意 夏《なつ》の暑《あつ》さを和《やわ》らげるために、地面《じめん》に水《みず》をまくこと。水《みず》が蒸発《じょうはつ》するときに、地面《じめん》の熱《ねつ》を奪《うば》い、気温《きおん》が下《さ》がる。

例 「暑《あつ》さ対策《たいさく》に有効《ゆうこう》な打《う》ち水《みず》は、朝《あさ》や夕方《ゆうがた》に行《おこな》うと効果的《こうかてき》です」

亜寒帯低圧帯《あかんたいていあつたい》／亜熱帯高圧帯《あねったいこうあつたい》 ⬇ 32ページ　秋雨《あきさめ》／秋雨前線《あきさめぜんせん》 ⬇ 57ページ　朝焼《あさや》け ⬇ 74ページ　あられ ⬇ 73ページ　有明《ありあけ》の月《つき》／十六夜月《いざよいづき》／居待月《いまちづき》 ⬇ 56ページ
異常気象《いじょうきしょう》 ⬇ 35ページ　いわし雲《ぐも》 ⬇ 40ページ　薄雲《うすぐも》 ⬇ 41ページ

宇宙天気予報《うちゅうてんきよほう》

意

宇宙空間《うちゅうくうかん》の気象予報《きしょうよほう》。太陽活動《たいようかつどう》によって引《ひ》き起《お》こされる現象《げんしょう》が、人工衛星《じんこうえいせい》などにどのような影響《えいきょう》を与《あた》えるかを予測《よそく》するもの。

例

「宇宙予報《うちゅうよほう》によると、太陽活動《たいようかつどう》は、引《ひ》き続《つづ》き活発《かっぱつ》な状態《じょうたい》が予想《よそう》されます」

卯《う》の花《はな》くたし

夏

意

梅雨《つゆ》に先立《さきだ》って降《ふ》る長雨《ながあめ》のこと。卯《う》の花《はな》（ウツギ）という植物《しょくぶつ》をくさらせるほど降《ふ》り続《つづ》くということから。

句

「さす傘《かさ》も卯《う》の花《はな》くたしもちおもり」
（久保田万太郎《くぼたまんたろう》）
雨《あめ》が降《ふ》り続《つづ》くと、傘《かさ》が重《おも》く感《かん》じられる。

コラム

花《はな》の名前《なまえ》が入《はい》った天気用語《てんきようご》

その季節《きせつ》らしい空模様《そらもよう》に、その季節《きせつ》ならでは花《ばな》の名前《なまえ》がついている。

卯《う》の花《はな》くたし
卯《う》の花《はな》

菊日和《きくびより》
菊《きく》
↓26ページ

菜種梅雨《なたねづゆ》
菜《な》の花《はな》
↓57ページ

うららか

意

春《はる》の日《ひ》ざしがぽかぽかと感《かん》じられる陽気《ようき》のこと。

例

「最近《さいきん》はうららかな日《ひ》が続《つづ》きますね」

うららかな日《ひ》に咲《さ》くみごとな桜《さくら》。

うろこ雲《ぐも》

秋

意

巻積雲《けんせきうん》 ↓40ページ の別名《べつめい》。白《しろ》い小《ちい》さな雲《くも》が、魚《さかな》のうろこのように群《むら》がっている雲《くも》。「いわし雲《ぐも》」「さば雲《ぐも》」ともいう。低気圧《ていきあつ》や前線《ぜんせん》の進《すす》む方向《ほうこう》にできやすい。

例

「うろこ雲《ぐも》がでると3日《か》のうちに雨《あめ》」ということわざがある。

空一面《そらいちめん》に広《ひろ》がるうろこ雲《ぐも》。暑《あつ》さが落《お》ち着《つ》き澄《す》んだ青空《あおぞら》が広《ひろ》がると、空《そら》の高《たか》いところに見《み》えやすくなる。

雲海《うんかい》

夏

意

霧《きり》や雲《くも》が一面《いちめん》に広《ひろ》がって海《うみ》のように見《み》える現象《げんしょう》。高山《こうざん》の山頂《さんちょう》や飛行機《ひこうき》から見えることがある。隣《とな》り合《あ》う山《やま》がない富士山《ふじやま》は、雲海《うんかい》の絶景《ぜっけい》スポット。

例

「雲海《うんかい》にうかぶ天空《てんくう》の城《しろ》、竹田城跡《たけだじょうあと》は幻想的《げんそうてき》だ」

標高約《ひょうこうやく》354メートルの山頂《さんちょう》にある竹田城跡《たけたじょうあと》は、寒暖《かんだん》差《さ》の大《おお》きな秋《あき》に雲海《うんかい》があらわれやすい。

塩害《えんがい》

意

大気《たいき》や海水《かいすい》などにふくまれる塩分《えんぶん》が原因《げんいん》で、植物《しょくぶつ》や建物《たてもの》などが被害《ひがい》を受《う》ける現象《げんしょう》。

例

「沿岸部《えんがんぶ》では、高潮《たかしお》 ↓46ページ で海水《かいすい》が田畑《たはた》に侵入《しんにゅう》し、塩害《えんがい》が発生《はっせい》しました」

炎天下《えんてんか》

夏

意

焼《や》けるような強《つよ》い日《ひ》ざしの下《した》にいる状態《じょうたい》。

例

「炎天下《えんてんか》でサッカーをしていたから、軽《かる》い熱中症《ねっちゅうしょう》 ↓62ページ になってしまった」

海風《うみかぜ》 ↓32ページ
海霧《うみぎり》／煙霧《えんむ》 ↓49ページ
雲量《うんりょう》 ↓6・39ページ
S波《エスは》 ↓48ページ
エルニーニョ現象《げんしょう》 ↓38ページ
炎暑《えんしょ》 ↓26ページ
大雨《おおあめ》 ↓51ページ

大《おお》荒《あ》れ

意
警報級《けいほうきゅう》 ↓42ページ の強《つよ》い風《かぜ》が吹《ふ》き、雨《あめ》または雪《ゆき》などをともなった状態《じょうたい》。

例
「発達《はったつ》した低気圧《ていきあつ》の影響《えいきょう》で東北地方《とうほくちほう》の太平洋側《たいへいようがわ》は、昼過《ひるす》ぎには大荒《おおあ》れとなるでしょう」

遅《おそ》霜《じも》

意
春《はる》から初夏《しょか》にかけてに発生《はっせい》する季節《きせつ》外《はず》れの霜《しも》。

例
「今朝《けさ》はとても寒《さむ》かったので、遅霜《おそじも》がおりていた」

御《お》神《み》渡《わた》り

冬

意
冬《ふゆ》に湖面《こめん》が凍結《とうけつ》し、氷《こおり》が割《わ》れて隆起《りゅうき》する現象《げんしょう》。長野県《ながのけん》の諏訪湖《すわこ》には、神《かみ》が湖《みずうみ》を渡《わた》ったあとだという伝説《でんせつ》が残《のこ》る。

例
「地球温暖化《ちきゅうおんだんか》 ↓35ページ の影響《えいきょう》で、諏訪湖《すわこ》ではここ5年間《ねんかん》、御神渡《おみわた》りが観測《かんそく》されていません」

気温《きおん》が下《さ》がると裂《さ》け目《め》ができる。そして、気温《きおん》が上昇《じょうしょう》し、裂《さ》け目《め》の氷《こおり》が膨張《ぼうちょう》し持《も》ち上《あ》げられる。

おろし

意
山《やま》から吹《ふ》きおろす冷《つめ》たい風《かぜ》。おもに、本州《ほんしゅう》の太平洋沿岸《たいへいようえんがん》で吹《ふ》く風《かぜ》のことをいう。栃木県《とちぎけん》の那須連山《なすれんざん》から吹《ふ》きおろす「那須《なす》おろし」、群馬県《ぐんまけん》の赤城山《あかぎやま》から吹《ふ》きおろす「赤城《あかぎ》おろし」、兵庫県《ひょうごけん》の六甲山《ろっこうさん》から吹《ふ》きおろす「六甲《ろっこう》おろし」などがある。

例
「明日《あす》は茨城県《いばらきけん》の南部《なんぶ》に、冷《つめ》たい筑波《つくば》おろしが吹《ふ》くでしょう」

温暖前線《おんだんぜんせん》

意

暖《あたた》かい空気《くうき》が冷《つめ》たい空気《くうき》に向《む》かって進《すす》むときに形成《けいせい》される前線《ぜんせん》 ⬇8ページ。通常《つうじょう》、前線《ぜんせん》の通過後《つうかご》に気温《きおん》が上《あ》がる。

例

「天気図《てんきず》 ⬇59ページ では、温暖前線《おんだんぜんせん》は半円《はんえん》、寒冷前線《かんれいぜんせん》は三角《さんかく》のマークであらわされます」

海水温《かいすいおん》

意

海水《かいすい》の温度《おんど》のこと。地球上《ちきゅうじょう》のいたるところで、地球温暖化《ちきゅうおんだんか》 ⬇35ページ などの影響《えいきょう》により、海水温《かいすいおん》が上昇《じょうしょう》している。

例

「台風《たいふう》は海水温《かいすいおん》の高《たか》い海域《かいいき》で発生《はっせい》し、発達《はったつ》します」

がけくずれ

意

雨《あめ》や地震《じしん》 ⬇48ページ などで斜面《しゃめん》が急激《きゅうげき》にくずれ落《お》ちる現象《げんしょう》。短時間《たんじかん》に降《ふ》る強《つよ》い雨《あめ》の場合《ばあい》、危険性《きけんせい》が高《たか》い。がけくずれのおそれのある地域《ちいき》には、避難指示《ひなんしじ》 ⬇9ページ が出《だ》される。

例

「激《はげ》しい雨《あめ》でがけくずれが発生《はっせい》した地域《ちいき》があります」

平成《へいせい》30年《ねん》7月豪雨《がつごうう》の被災地《ひさいち》。西日本《にしにほん》の各地《かくち》でがけくずれや川《かわ》の氾濫《はんらん》➡51ページなど、大雨災害《おおあめさいがい》が発生《はっせい》した。

陽炎《かげろう》

春

意

春《はる》や夏《なつ》の日《ひ》ざしの強《つよ》い日《ひ》に見《み》られる、空気《くうき》のゆらめき。暖《あたた》まった空気《くうき》が冷《つめ》たい空気《くうき》とまざることで生《しょう》じる。

例

「アスファルトの上《うえ》の景色《けしき》がゆらゆらゆれて見《み》えたけど、あれは陽炎《かげろう》かな？」

風花《かざはな》

冬

意

青空《あおぞら》を花《はな》のように舞《ま》う雪《ゆき》のこと。遠《とお》くの山《やま》で降《ふ》った雪《ゆき》が風《かぜ》で運《はこ》ばれる。

句

「山国《やまぐに》の風花《かざはな》さへも荒《あら》けなく」（高浜虚子《たかはまきょし》）

ふだんはやさしく舞《ま》う風花《かざはな》も、山国《やまぐに》では荒々《あらあら》しく感《かん》じる。

大潮《おおしお》⬇46ページ　オゾン層《そう》／温室効果《おんしつこうか》ガス⬇35ページ　オホーツク海高気圧《かいこうきあつ》⬇38ページ　おぼろ雲《ぐも》／おぼろ月夜《づきよ》⬇41ページ　おぼろ月《づき》／下弦《かげん》の月《つき》⬇56ページ
開花日《かいかび》⬇53ページ　快晴《かいせい》⬇6ページ　海風《かいふう》⬇32ページ　海霧《かいむ》⬇49ページ

コラム

風《かぜ》に関《かん》することば

風《かぜ》にはたくさんの種類《しゅるい》がある。常《つね》に同《おな》じ方向《ほうこう》に吹《ふ》く風《かぜ》や季節《きせつ》によってかわる風《かぜ》、地域《ちいき》によってよび名《な》がかわる風《かぜ》など、さまざまな風《かぜ》を見《み》てみよう。

常《つね》に同《おな》じ向《む》きに吹《ふ》く風《かぜ》

恒常風《こうじょうふう》

一年中《いちねんじゅう》同《おな》じ方向《ほうこう》に吹《ふ》く風《かぜ》を「恒常風《こうじょうふう》」という。恒常風《こうじょうふう》は、地球《ちきゅう》の南北《なんぼく》にある高気圧《こうきあつ》と低気圧《ていきあつ》によって吹《ふ》く風《かぜ》で、おもに「偏西風《へんせいふう》」と「貿易風《ぼうえきふう》」がある。

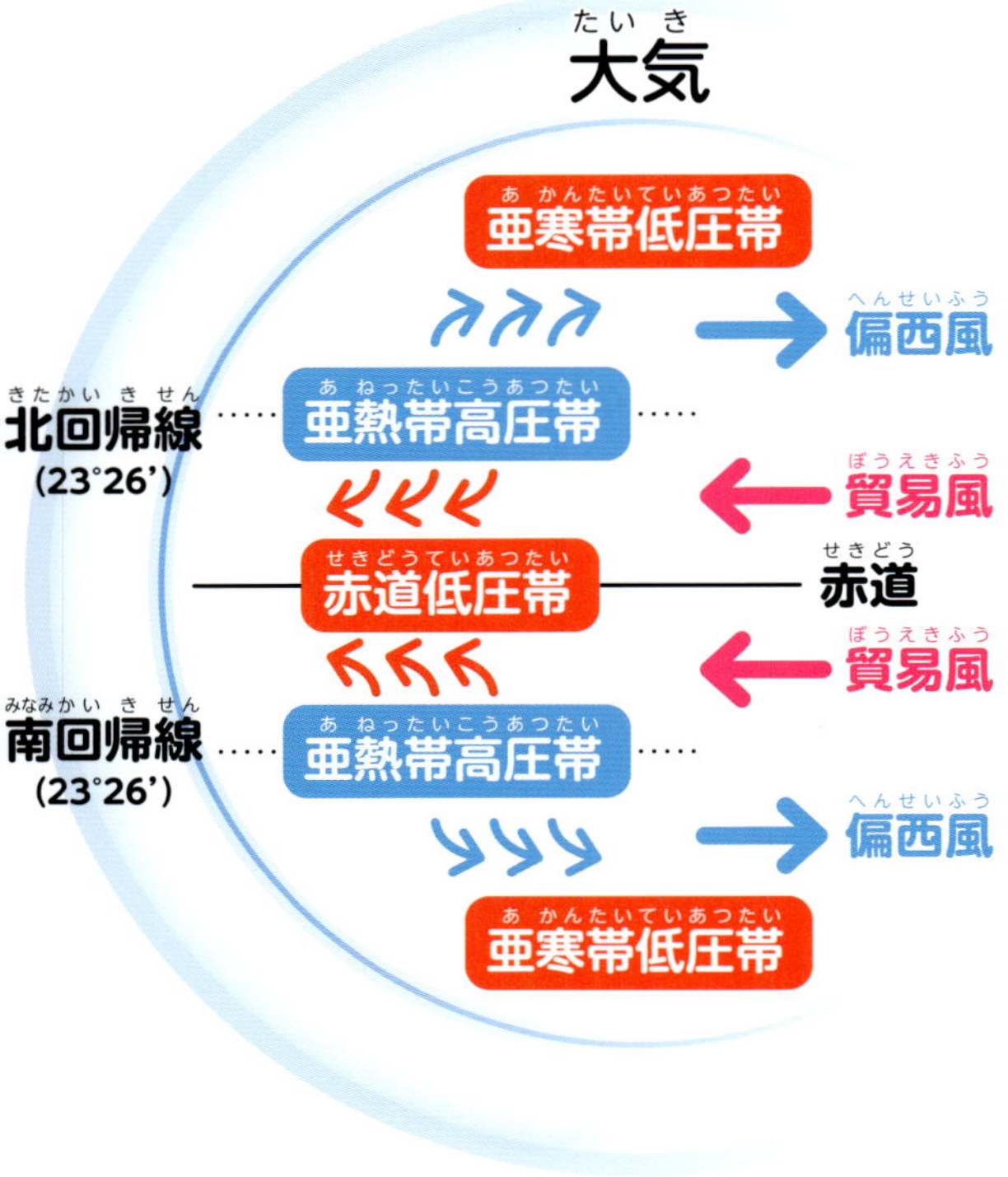

季節《きせつ》や温度《おんど》によって向《む》きがかわる風《かぜ》

季節風《きせつふう》

温度《おんど》によって気圧《きあつ》がかわることで風《かぜ》の向《む》きがかわる。そのひとつが季節《きせつ》によってかわる風《かぜ》で、「季節風《きせつふう》（モンスーン）」という。夏《なつ》は海《うみ》のほうが陸《りく》より冷《ひ》えるため、太平洋高気圧《たいへいようこうきあつ》が強《つよ》まり、海《うみ》から大陸《たいりく》へ向《む》かって風《かぜ》が吹《ふ》く。冬《ふゆ》は陸《りく》のほうが冷《ひ》えるため、シベリア高気圧《こうきあつ》が強《つよ》まり、大陸《たいりく》から風《かぜ》が吹《ふ》く。

また、一日《いちにち》の中《なか》でかわる風《かぜ》に「陸風《りくかぜ》」「海風《うみかぜ》」（「りくふう」「かいふう」とも読《よ》む）がある。日中《にっちゅう》は冷《つめ》たい海《うみ》から陸《りく》に向《む》かって海風《うみかぜ》が、夜《よる》は冷《ひ》えた陸《りく》から海《うみ》に向《む》かって陸風《りくかぜ》が吹《ふ》く。海風《うみかぜ》と陸風《りくかぜ》が入《い》れかわり、風《かぜ》が弱《よわ》くなるころを「凪《なぎ》」という。

場所《ばしょ》によって名前《なまえ》がかわる!?

台風《たいふう》

台風《たいふう》↓10ページになる前《まえ》の熱帯低気圧《ねったいていきあつ》や台風《たいふう》は発生《はっせい》する地域《ちいき》によって、よび方《かた》がかわります。日本《にほん》をふくむ北西太平洋《ほくせいたいへいよう》・アジアでは「台風《たいふう》」または「タイフーン」、北中米《ほくちゅうべい》では「ハリケーン」↓65ページ、そのほかの地域《ちいき》では「サイクロン」とよんでいます。そして、米軍《べいぐん》合同台風警《ごうどうたいふうけい》報《ほう》センターが定義《ていぎ》する最強《さいきょう》クラスの台風《たいふう》で、最大風速《さいだいふうそく》が毎秒《まいびょう》67メートル以上《いじょう》のものを「スーパー台風《たいふう》」、進路《しんろ》が複雑《ふくざつ》で予測《よそく》が難《むずか》しい台風《たいふう》を「迷走台風《めいそうたいふう》」↓11ページといいます。

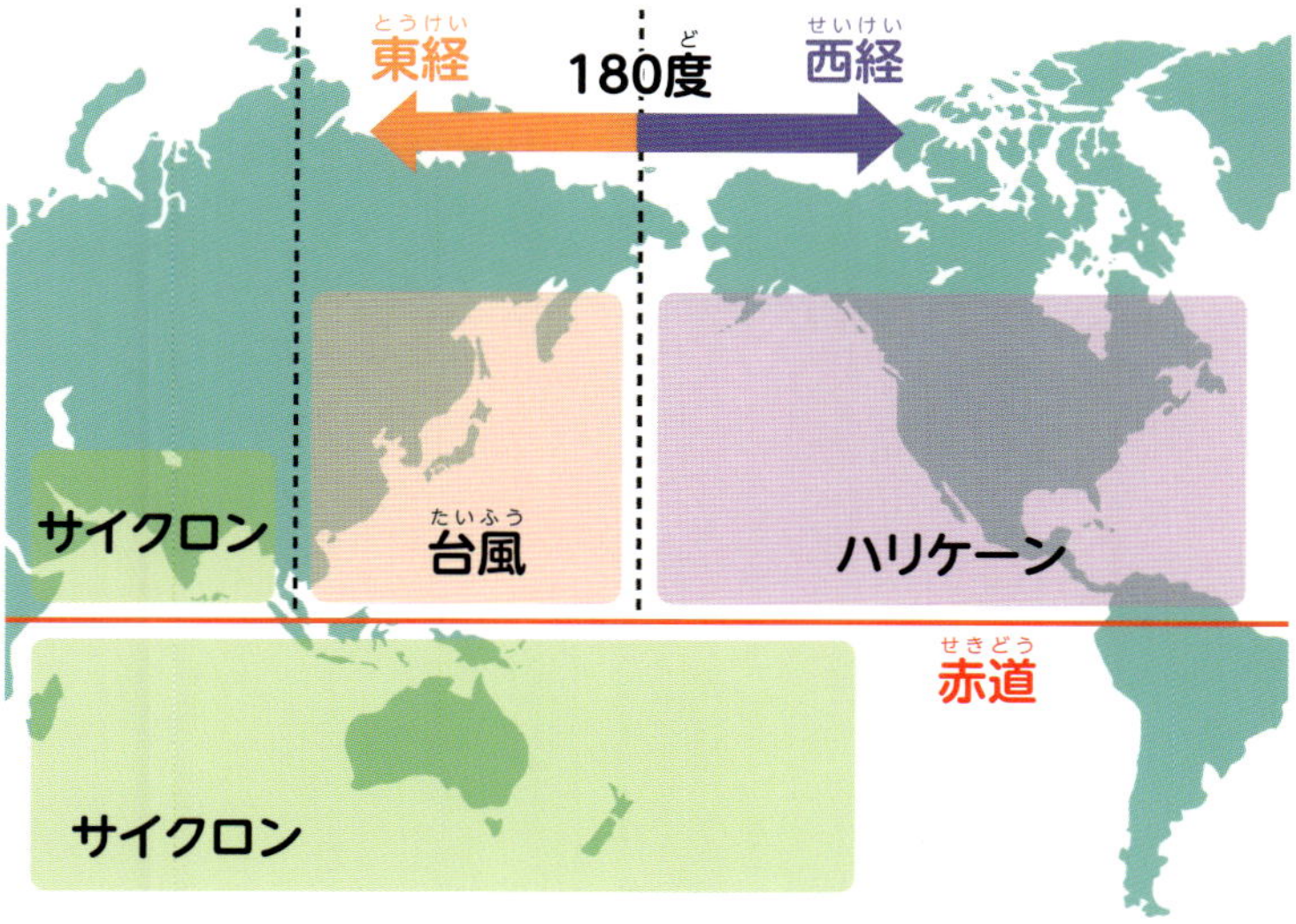

いろいろな風《かぜ》

ほかにもいろいろな風《かぜ》があります。

つむじ風《かぜ》

晴《は》れた日《ひ》に発生《はっせい》する、渦《うず》を巻《ま》く風《かぜ》。「辻風《つじかぜ》」ともいう。

突風《とっぷう》

突然《とつぜん》吹《ふ》き出《だ》す強《つよ》い風《かぜ》で、短時間《たんじかん》で収《おさ》まるものをさします。

竜巻《たつまき》

積乱雲《せきらんうん》↓40ページにともなう強《つよ》い上昇気流《じょうしょうきりゅう》によって発生《はっせい》する激《はげ》しい渦《うず》を巻《ま》く風《かぜ》。

ダウンバースト

積乱雲《せきらんうん》↓40ページから吹《ふ》きおりた冷気《れいき》が地面《じめん》にぶつかって、強《つよ》い風《かぜ》が吹《ふ》く現象《げんしょう》のこと。

だし

海岸付近《かいがんふきん》で発生《はっせい》する強《つよ》い風《かぜ》。船《ふね》を沖《おき》に向《む》かって送《おく》り出《だ》す。

東風《こち》

東《ひがし》から吹《ふ》いてくる風《かぜ》。「とうふう」「ひがしかぜ」ともいう。

春一番《はるいちばん》

冬《ふゆ》から春《はる》になるときに初《はじ》めて吹《ふ》く、暖《あたた》かい南《みなみ》からの強《つよ》い風《かぜ》。立春《りっしゅん》から春分《しゅんぶん》の間《あいだ》に吹《ふ》き、毎秒《まいびょう》8メートル以上《いじょう》の風《かぜ》をいう。

木枯《こが》らし一号《いちごう》

秋《あき》から冬《ふゆ》になるときに初《はじ》めて吹《ふ》く、寒《さむ》い北《きた》からの強《つよ》い風《かぜ》。東京《とうきょう》・近畿地方《きんきちほう》で発表《はっぴょう》される。晩秋《ばんしゅう》から初冬《しょとう》の間《あいだ》に吹《ふ》き、毎秒《まいびょう》8メートル以上《いじょう》の風《かぜ》になる。

火山《かざん》ガス

意

火山《かざん》から噴出《ふんしゅつ》されるガスのこと。おもな成分《せいぶん》は水蒸気《すいじょうき》だが、人体《じんたい》に有害《ゆうがい》な成《せい》分《ぶん》もふくまれている。

例

「火山《かざん》ガスの濃度《のうど》が上昇《じょうしょう》しているため、登山道《とざんどう》の一部《いちぶ》が通行止《つうこうど》めになりました」

雷《かみなり》

夏

意

雲《くも》から発生《はっせい》する放電現象《ほうでんげんしょう》のこと。電《でん》気《き》を帯《お》びた雲《くも》と雲《くも》との間《あいだ》、または雲《くも》と地表《ちひょう》との間《あいだ》に起《お》こる。電光《でんこう》（いなずま）↓27ページのあとに雷鳴《らいめい》がとどろく。

例

「遠《とお》くのほうで雷《かみなり》の音《おと》がする」

コラム

雷《かみなり》から身《み》を守《まも》れ！

黒《くろ》い雲《くも》が空《そら》をおおい雷《かみなり》が鳴《な》ったら、がんじょうな建物《たてもの》に入《はい》り、窓《まど》から離《はな》れたところに避難《ひなん》する。または高《たか》いものから離《はな》れた場所《ばしょ》に避難《ひなん》する。雷《かみなり》は、海《うみ》、平《へい》野《や》、山《やま》など、どこにでも落《お》ちるけれど、高《たか》いものがある場合《ばあい》、それに落《お》ちやすい。電柱《でんちゅう》や煙突《えんとつ》、木《き》など、高《たか》いものがある場合《ばあい》、そのてっぺんを45度《ど》の角度《かくど》で見上《みあ》げる範囲《はんい》で、そこから4メートル以上離《いじょうはな》れたところが「保護範囲《ほごはんい》」といって雷《かみなり》の影響《えいきょう》を受《う》けづらい。

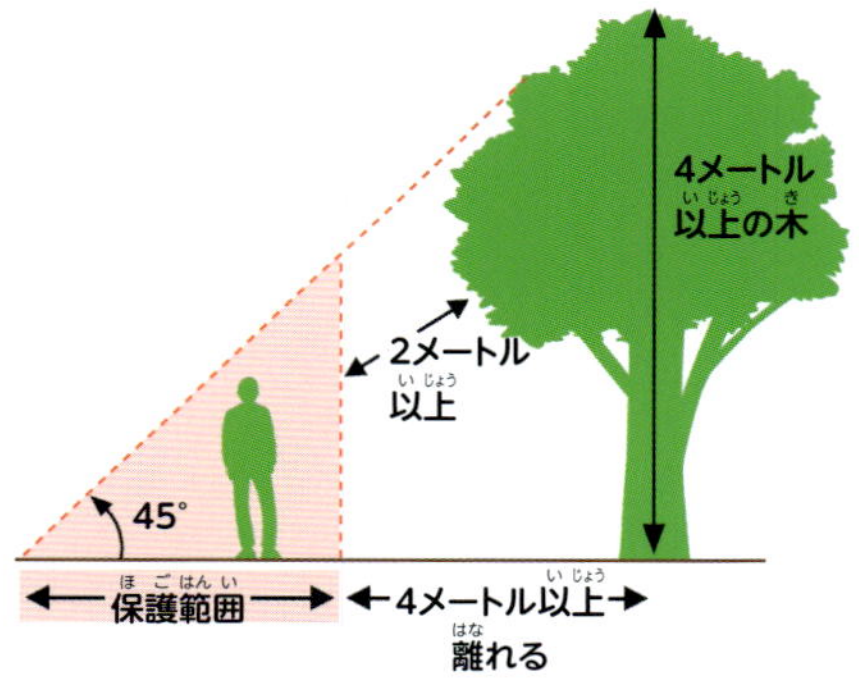

空《から》っ風《かぜ》

意

冬《ふゆ》に山《やま》を越《こ》えて吹《ふ》きおりる冷《つめ》たい乾燥《かんそう》した風《かぜ》。関東《かんとう》や東海地方《とうかいちほう》の太平洋側《たいへいようがわ》で吹《ふ》く。とくに群馬県《ぐんまけん》の空《から》っ風《かぜ》が有名《ゆうめい》。

例

「群馬県《ぐんまけん》では、空《から》っ風《かぜ》を利用《りよう》して、冬《ふゆ》に凧あげ大会《たいかい》が開催《かいさい》されます」

カルマンの渦列《うずれつ》

意

孤立《こりつ》した山《やま》などの風下《かざしも》にあらわれる2本《ほん》の雲《くも》の渦《うず》の列《れつ》。気象衛星画像《きしょうえいせいがぞう》で見《み》ることができる。冬《ふゆ》にあらわれやすい。

例

「九州《きゅうしゅう》の西《にし》の海上《かいじょう》で、珍《めずら》しいカルマンの渦列《うずれつ》が発生《はっせい》しました」

コラム

環境《かんきょう》に関《かん》することば

地球《ちきゅう》で起《お》きている異常気象の原因と考えられているのが地球温暖化《ちきゅうおんだんか》だ。人《ひと》のくらしから出《で》る二酸化炭素《にさんかたんそ》やフロンといった気体《きたい》が地球温暖化《ちきゅうおんだんか》をまねいたんだ。そのほか、人《ひと》のくらしが原因《げんいん》している大気汚染《たいきおせん》により光化学《こうかがく》スモッグという問題《もんだい》が起《お》きている。

地球温暖化《ちきゅうおんだんか》と大気汚染《たいきおせん》

地球《ちきゅう》はオゾン層《そう》というまくに包《つつ》まれていて、その層《そう》のおかげで太陽《たいよう》から降《ふ》りそそぐ有害《ゆうがい》な紫外線《しがいせん》を防《ふせ》いでいる。フロンはそのオゾン層《そう》を破壊《はかい》してしまう。大気中《たいきちゅう》の温度《おんど》を上昇《じょうしょう》させる温室効果《おんしつこうか》ガスのひとつである二酸化炭素《にさんかたんそ》は、地球《ちきゅう》の中《なか》で循環《じゅんかん》しているものだが、出《だ》される量《りょう》が多《おお》すぎて大気中《たいきちゅう》の量《りょう》が増《ふ》えてしまったんだ。近年《きんねん》は、二酸化炭素《にさんかたんそ》の排出《はいしゅつ》量《りょう》をゼロにする「脱炭素社会《だつたんそしゃかい》」⬇55ページ の取《と》り組《く》みが行《おこな》われている。

さらに、チリやホコリ、PM2・5《ピーエムにてんご》⬇66ページ、車《くるま》や工場《こうじょう》などから出《だ》される排《はい》ガスなどが大気中《たいきちゅう》に増《ふ》え、大気汚染《たいきおせん》が進《すす》んでいる。排《はい》ガスの量《りょう》が増《ふ》えると、太陽《たいよう》の光《ひかり》と合《あ》わさって、体《からだ》に悪影響《あくえいきょう》をおよぼす光化学《こうかがく》スモッグを引《ひ》き起《お》こす。光化《こうか》学《がく》スモッグが発生《はっせい》すると注意報《ちゅういほう》が発令《はつれい》される。

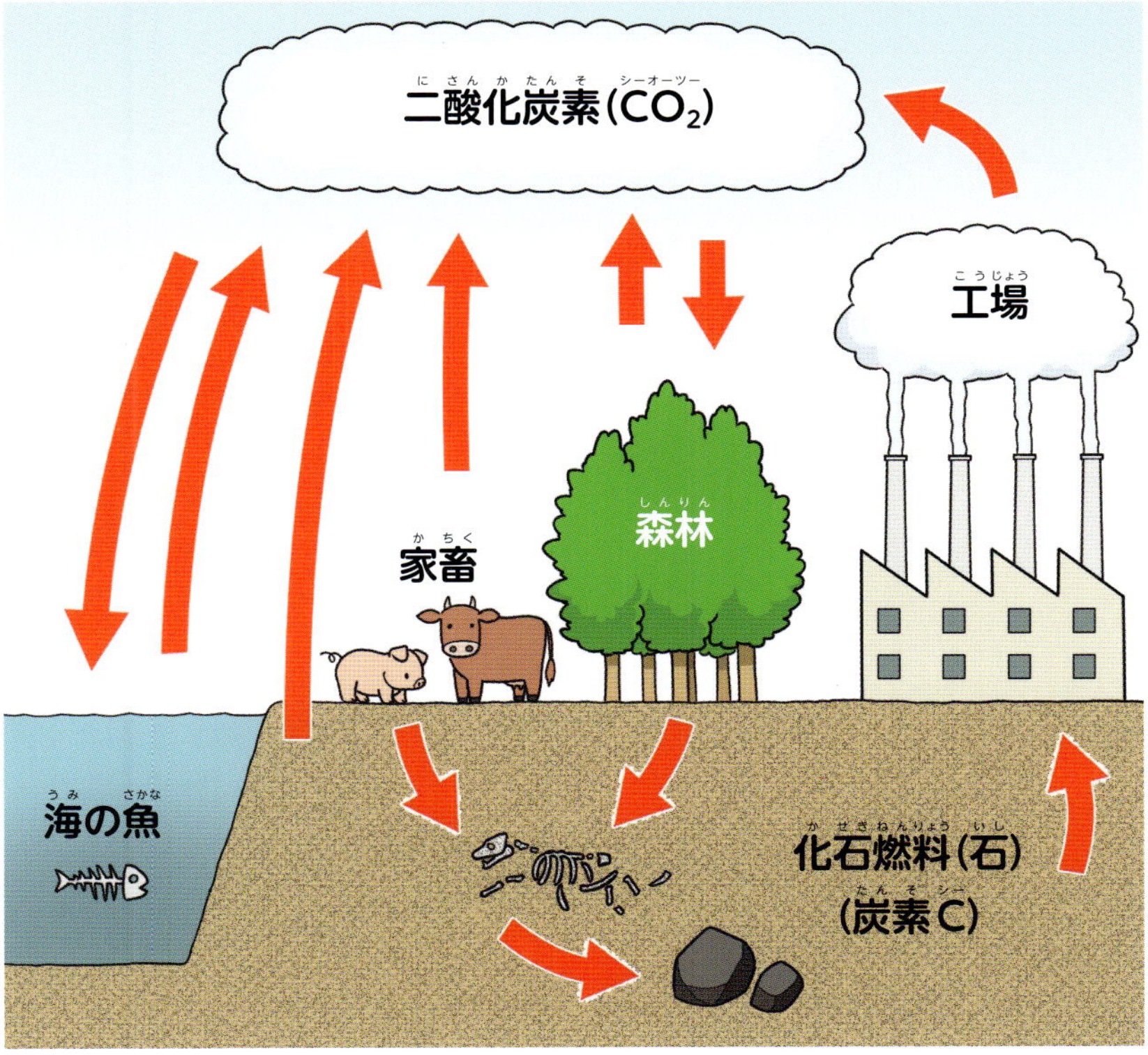

餓死風《がしふう》⬇38ページ
霞《かすみ》⬇49ページ
花粉《かふん》⬇66ページ
花粉光環《かふんこうかん》⬇43ページ
空梅雨《からつゆ》⬇57ページ

寒《かん》のもどり

意

暖《あたた》かくなった春《はる》に再《ふた》び寒《さむ》さがもどること。

例

「暖《あたた》かい日《ひ》が続《つづ》きましたが、明日《あす》からは寒《かん》のもどりで冬《ふゆ》の寒《さむ》さになるでしょう」

干《かん》ばつ

意

長期間《ちょうきかん》にわたり雨《あめ》が降《ふ》らないなどの原因《げんいん》で、水不足《みずぶそく》 ↓72ページ の状態《じょうたい》。ダムや溜池《ためいけ》の水《みず》の量《りょう》が減《へ》って、生活《せいかつ》や農業《のうぎょう》などに支障《ししょう》をきたしている。地球《ちきゅう》温暖化《おんだんか》 ↓35ページ の影響《えいきょう》で、世界《せかい》では干《かん》ばつ被害《ひがい》が増加《ぞうか》している。

例

「アフリカでは、干《かん》ばつによる食料不足《しょくりょうぶそく》で人々《ひとびと》が苦《くる》しんでいます」

寒冷前線《かんれいぜんせん》

意

冷《つめ》たい空気《くうき》が暖《あたた》かい空気《くうき》の下《した》にもぐりこみ、押《お》し上《あ》げるときにできる前線《ぜんせん》 ↓8ページ。せまい範囲《はんい》に強《つよ》い雨《あめ》や雪《ゆき》が降《ふ》る。

例

「寒冷前線《かんれいぜんせん》が東北《とうほく》へ南下《なんか》しています。東北地方《とうほくちほう》は急《きゅう》な雨《あめ》に注意《ちゅうい》が必要《ひつよう》です」

気象台《きしょうだい》

意

気象観測《きしょうかんそく》を行《おこな》い、日々《ひび》の天気《てんき》や防災気象情報《ぼうさいきしょうじょうほう》を提供《ていきょう》する機関《きかん》。地震《じしん》や火山《かざん》、海洋《かいよう》などの情報《じょうほう》も発表《はっぴょう》。

例

「沖縄気象台《おきなわきしょうだい》は、今夜《こんや》から明日午前中《あすごぜんちゅう》にかけて、警報級《けいほうきゅう》 ↓42ページ の大雨《おおあめ》が降《ふ》る見通《みとお》しだと説明《せつめい》しました」

コラム

いろいろな気候帯《きこうたい》

地球《ちきゅう》は、南北《なんぼく》に設定《せってい》された緯度《いど》によっておおよその気候帯《きこうたい》に分《わ》かれる。地球《ちきゅう》の真《ま》ん中《なか》を通《とお》る緯度《いど》0度《ど》(赤道《せきどう》)がいちばん暑《あつ》く、南北《なんぼく》にいくほど寒《さむ》くなる。

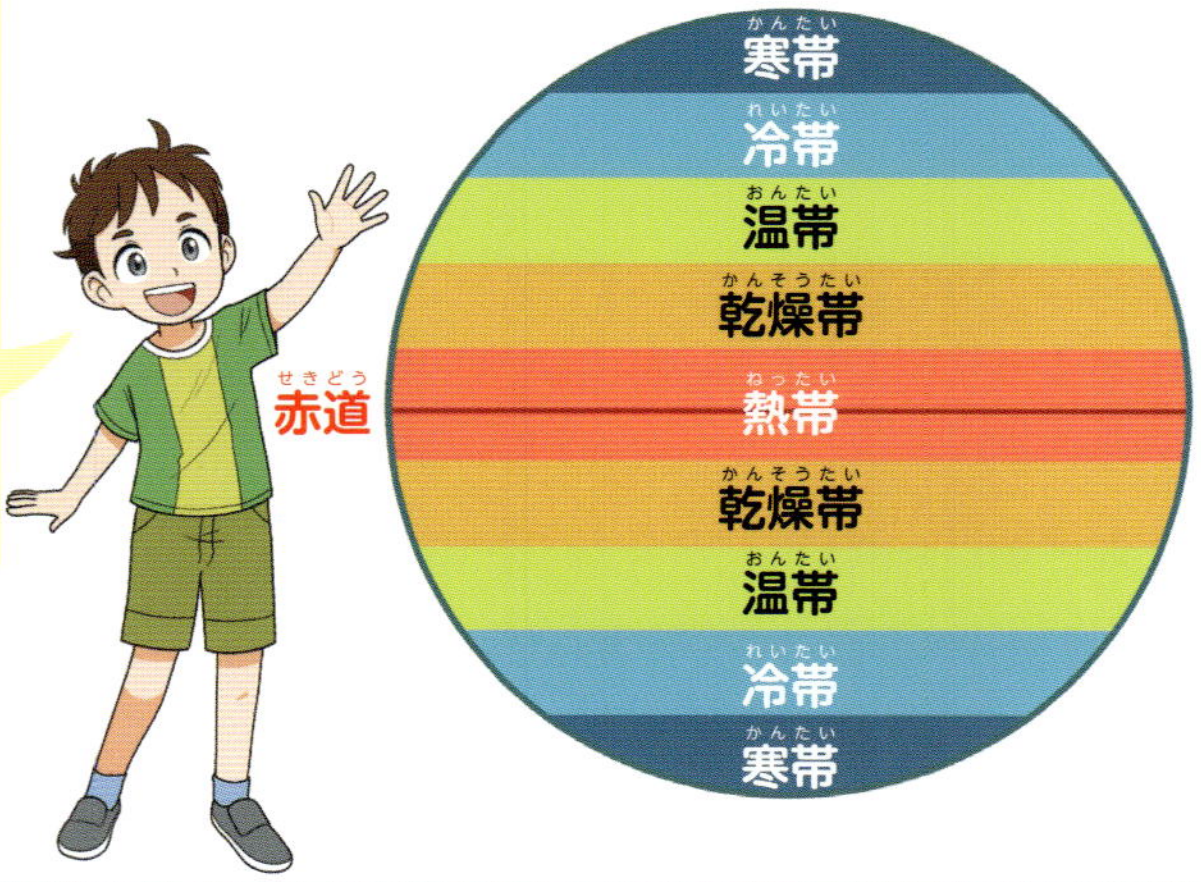

日本《にほん》は、温帯《おんたい》だよ。季節風《きせつふう》 ↓32ページ の影響《えいきょう》で、四季《しき》がはっきりしているんだ。

冠水《かんすい》 ➡ 51ページ 乾燥《かんそう》 ➡ 9・52ページ 干潮《かんちょう》 ➡ 46ページ 岩盤《がんばん》 ➡ 48ページ キキクル ➡ 51ページ

コラム

気圧《きあつ》に関《かん》することば

気圧《きあつ》とは、大気《たいき》の圧力《あつりょく》のこと。単位《たんい》は「hPa（ヘクトパスカル）」であらわされる。同《おな》じ気圧《きあつ》を線《せん》で結《むす》んだ等圧線《とうあつせん》➡8ページが天気図《てんきず》に記《しる》される。

高気圧《こうきあつ》の中心付《ちゅうしんふ》近《きん》から時計《とけい》まわりに風《かぜ》が吹《ふ》き出《だ》し、中心付近《ちゅうしんふきん》では下降流《かこうりゅう》ができる。

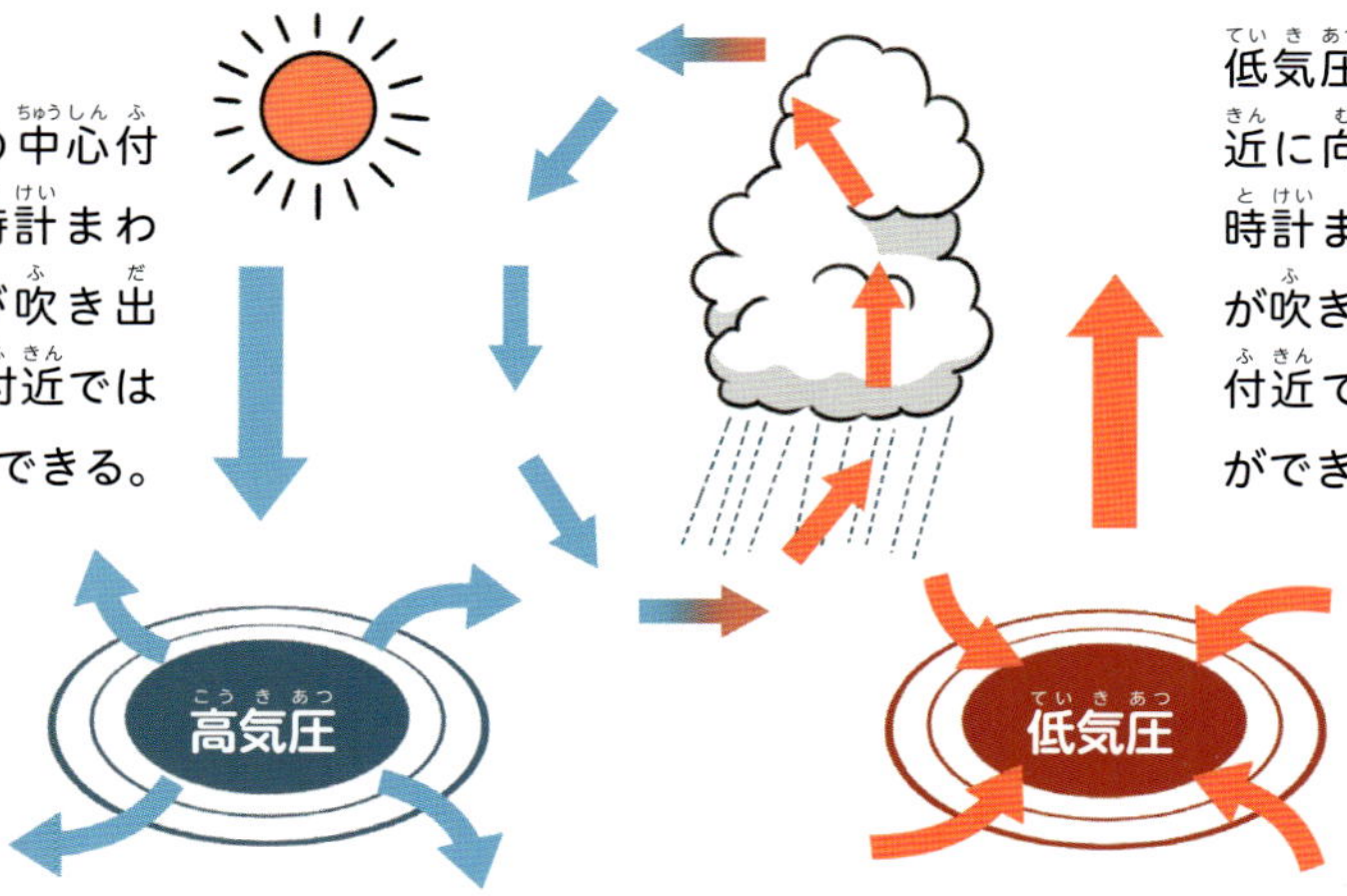

低気圧《ていきあつ》の中心付《ちゅうしんふ》近《きん》に向《む》かって反《はん》時計《とけい》まわりに風《かぜ》が吹《ふ》きこみ、中心《ちゅうしん》付近《ふきん》では上昇流《じょうしょうりゅう》ができる。

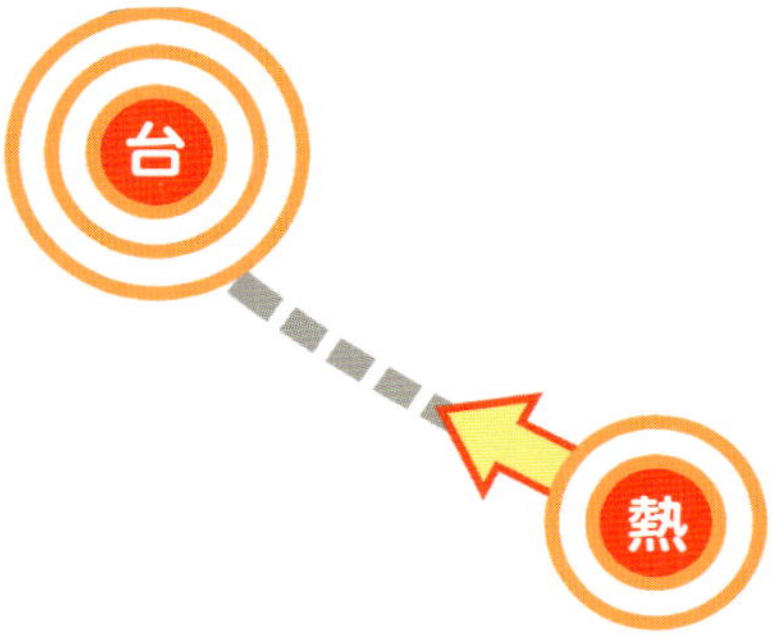

熱帯低気圧《ねったいていきあつ》

低緯度《ていいど》の暖《あたた》かい海上《かいじょう》で発生《はっせい》する低気圧《ていきあつ》。暖《あたた》かい空気《くうき》のみで構成《こうせい》されていて、前線《ぜんせん》をともなわない。北半球《きたはんきゅう》が夏《なつ》の時期《じき》は、太平洋高気圧《たいへいようこうきあつ》の縁《ふち》をまわるように西《にし》へと進《すす》み、最大風速《さいだいふうそく》が秒速《びょうそく》17.2メートル以上《いじょう》に発達《はったつ》すると台風《たいふう》になる。日本近《にほんちか》くまで進《すす》むと、上空《じょうくう》の偏西風《へんせいふう》に流《なが》されて進路《しんろ》の向《む》きを北《きた》や東《ひがし》にかえることが多《おお》い。

温帯低気圧《おんたいていきあつ》

中緯度地域《ちゅういどちいき》で発生《はっせい》し、発達《はったつ》する低気圧《ていきあつ》。北《きた》の冷《つめ》たい空気《くうき》と南《みなみ》の暖《あたた》かい空気《くうき》が混《ま》ざろうとしてうずを巻《ま》くことで発生《はっせい》し、温暖前線《おんだんぜんせん》と寒冷前線《かんれいぜんせん》をともなう。急速《きゅうそく》に発達《はったつ》するものはいわゆる「爆弾低気圧《ばくだんていきあつ》」とよばれ、冬《ふゆ》には大雪《おおゆき》や猛吹雪《もうふぶき》を、春《はる》には大荒《おおあ》れの天気《てんき》をもたらす

南岸低気圧《なんがんていきあつ》

西日本《にしにほん》や東日本《ひがしにほん》の南岸《なんがん》を発達《はったつ》しながら進《すす》む低気圧《ていきあつ》。ふだん雪《ゆき》に慣《な》れていない太平洋《たいへいよう》側《がわ》に大雪《おおゆき》を降《ふ》らせることがある。低気圧《ていきあつ》が通《とお》る位置《いち》で、降水《こうすい》や気温《きおん》、風《かぜ》など気象状況《きしょうじょうきょう》が大《おお》きくかわる。その予測《よそく》は現在《げんざい》の科学技《かがくぎ》術《じゅつ》でも限界《げんかい》があるため、南岸低気圧《なんがんていきあつ》がもたらす関東《かんとう》の大雪《おおゆき》の予測《よそく》は難《むずか》しい。

コラム

気温《きおん》に関《かん》することば

気温《きおん》とは、大気《たいき》の温度《おんど》のこと。一日《いちにち》の最低気温《さいていきおん》と最高気温《さいこうきおん》は0時《じ》を区切《くぎ》りに24時間《じかん》で観測《かんそく》されたもっとも低《ひく》い気温《きおん》ともっとも高《たか》い気温《きおん》となる。朝《あさ》の最低気温《さいていきおん》の場合《ばあい》は、午前《ごぜん》0時《じ》から午前《ごぜん》9時《じ》の間《あいだ》のもっとも低《ひく》かった気温《きおん》、日中《にっちゅう》の最高気温《さいこうきおん》の場合《ばあい》は、午前《ごぜん》9時《じ》から午後《ごご》6時《じ》までのもっとも高《たか》かった気温《きおん》となる。

気温《きおん》のよび名《な》

気温《きおん》の高《たか》さによって決《き》められたよび名《な》がある。

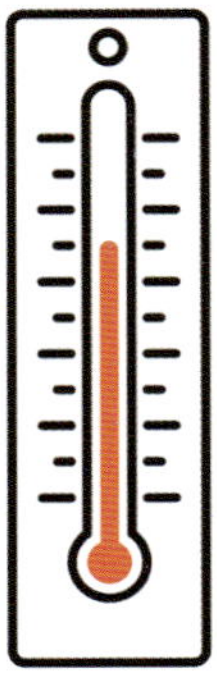

35℃	猛暑日《もうしょび》	最高気温《さいこうきおん》が35度以上《どいじょう》の日《ひ》
30℃	真夏日《まなつび》	最高気温《さいこうきおん》が30度以上《どいじょう》の日《ひ》
25℃	夏日《なつび》	最高気温《さいこうきおん》が25度以上《どいじょう》の日《ひ》
	熱帯夜《ねったいや》	夕方《ゆうがた》から翌日朝《よくじつあさ》までの最低気温《さいていきおん》が25度以上《どいじょう》の夜《よる》
0℃	冬日《ふゆび》	最低気温《さいていきおん》が0度未満《どみまん》の日《ひ》
	真冬日《まふゆび》	最高気温《さいこうきおん》が0度未満《どみまん》の日《ひ》

気温《きおん》や湿度《しつど》が著《いちじる》しく高《たか》くなると熱中症《ねっちゅうしょう》 ➡62ページ のリスクが高《たか》まる。健康被害《けんこうひがい》が生《しょう》じるおそれがある場合《ばあい》、熱中症警戒《ねっちゅうしょうけいかい》アラートが発表《はっぴょう》される。

エルニーニョ現象《げんしょう》

太平洋赤道域《たいへいようせきどういき》の日付変更線付《ひづけへんこうせんふ》近《きん》から南米沿岸《なんべいえんがん》にかけて、平年《へいねん》よりも海水温《かいすいおん》が高《たか》くなり、その状態《じょうたい》が一年程度続《いちねんていどつづ》く現象《げんしょう》。エルニーニョ現象《げんしょう》が起《お》きると、日本《にほん》では冷夏《れいか》、暖冬《だんとう》になりやすい。逆《ぎゃく》の現象《げんしょう》を「ラニーニャ現象《げんしょう》」という。ラニーニャ現象《げんしょう》が起《お》きると、日本《にほん》では夏《なつ》は猛暑《もうしょ》、冬《ふゆ》は厳寒《げんかん》になりやすい。

ふつうの状態《じょうたい》
積乱雲《せきらんうん》 ➡40ページ がインドネシア近《ちか》くにある。

エルニーニョ現象《げんしょう》が起《お》きている状態《じょうたい》
暖《あたた》かい海水《かいすい》が広《ひろ》がり、貿易風《ぼうえきふう》が弱《よわ》まる。

冷夏《れいか》

6〜8月《がつ》の夏《なつ》の期間《きかん》の平均気温《へいきんきおん》が低《ひく》いことを冷夏《れいか》という。この期間《きかん》に、北海道《ほっかいどう》や東北《とうほく》、関東《かんとう》などで吹《ふ》く冷《つめ》たくて湿《しめ》った北東《ほくとう》の風《かぜ》を「やませ」という。夏《なつ》の低《てい》温《おん》や日照不足《にっしょうぶそく》で農作物《のうさくぶつ》が被害《ひがい》を受《う》けることを「冷害《れいがい》」といい、やませは「冷害風《れいがいふう》」「餓死風《がしふう》」とよばれて、昔《むかし》から恐《おそ》れられている。

やませは、オホーツク海高気圧《かいこうきあつ》が日本《にほん》まではりだすと起《お》きる。

気象病《きしょうびょう》

意

気温《きおん》や気圧《きあつ》の変化《へんか》によって引《ひ》き起《お》こされる体《からだ》の不調《ふちょう》。その原因《げんいん》は、わかっていないことが多《おお》い。

例

「低気圧《ていきあつ》が近《ちか》づくと体調《たいちょう》が悪《わる》くなるのは、気象病《きしょうびょう》のせいかもしれません」

季節予報《きせつよほう》

意

1か月《げつ》や3か月《げつ》といった長《なが》い期間《きかん》の大《おお》まかな天候《てんこう》（気温《きおん》、降水量《こうすいりょう》など）を、平年並《へいねんな》み、高《たか》い（多《おお》い）、低《ひく》い（少《すく》ない）に分《わ》けて予報《よほう》するもの。

例

「気象庁《きしょうちょう》の季節予報《きせつよほう》によると、春《はる》の気温《きおん》は平年並《へいねんな》みか高《たか》くなり、夏《なつ》は平年《へいねん》よりも高《たか》く、厳《きび》しい暑《あつ》さになる見《み》こみです」

気団《きだん》

意

広範囲《こうはんい》にわたって同《おな》じ特性《とくせい》をもつ空気《くうき》のかたまり。日本《にほん》付近《ふきん》にはシベリア気《き》団《だん》、オホーツク海《かい》気団《きだん》、揚子江《ようすこう》気団《きだん》、小《お》笠原《がさわら》気団《きだん》があり、季節《きせつ》に影響《えいきょう》を与《あた》えている。

例

「シベリア気団《きだん》が日本《にっぽん》の冬《ふゆ》に厳《きび》しい寒《さむ》さをもたらします」

強風《きょうふう》

意

風《かぜ》の強《つよ》い状態《じょうたい》。予報用語《よほうようご》には、やや強《つよ》い風《かぜ》、強《つよ》い風《かぜ》、非常《ひじょう》に強《つよ》い風《かぜ》、猛烈《もうれつ》な風《かぜ》がある。

例

「強風《きょうふう》で看板《かんばん》が飛《と》ばされて、店舗《てんぽ》の窓《まど》を直撃《ちょくげき》する被害《ひがい》がありました」

局地的《きょくちてき》

意

ものごとがある地域《ちいき》に限定《げんてい》されていること。

例

「帰宅時間帯《きたくじかんたい》に局地的《きょくちてき》に雨雲《あまぐも》が発生《はっせい》し、大雨《おおあめ》になるおそれがあります」

曇《くも》り

意

空《そら》が雲《くも》におおわれている状態《じょうたい》。気象用《きしょうよう》語《ご》では、空全体《そらぜんたい》をおおう雲《くも》の量《りょう》の割合《わりあい》（雲量《うんりょう》）が9以上《いじょう》のとき。雲量《うんりょう》以外《いがい》の条《じょう》件《けん》は、雨《あめ》や雪《ゆき》が降《ふ》っていない状態《じょうたい》であること。

例

「明日《あす》の天気《てんき》は曇《くも》り」

季節風《きせつふう》 ➡ 32ページ　霧《きり》 ➡ 49ページ　霧雲《きりぐも》／曇《くも》り雲《ぐも》 ➡ 41ページ　緊急地震速報《きんきゅうじしんそくほう》 ➡ 48ページ

コラム

雲《くも》の種類《しゅるい》

雲《くも》は10種類《しゅるい》に分《わ》けられる。雲《くも》の種類《しゅるい》を知《し》っておくと、どんな天気《てんき》になりそうか予想《よそう》できるよ！

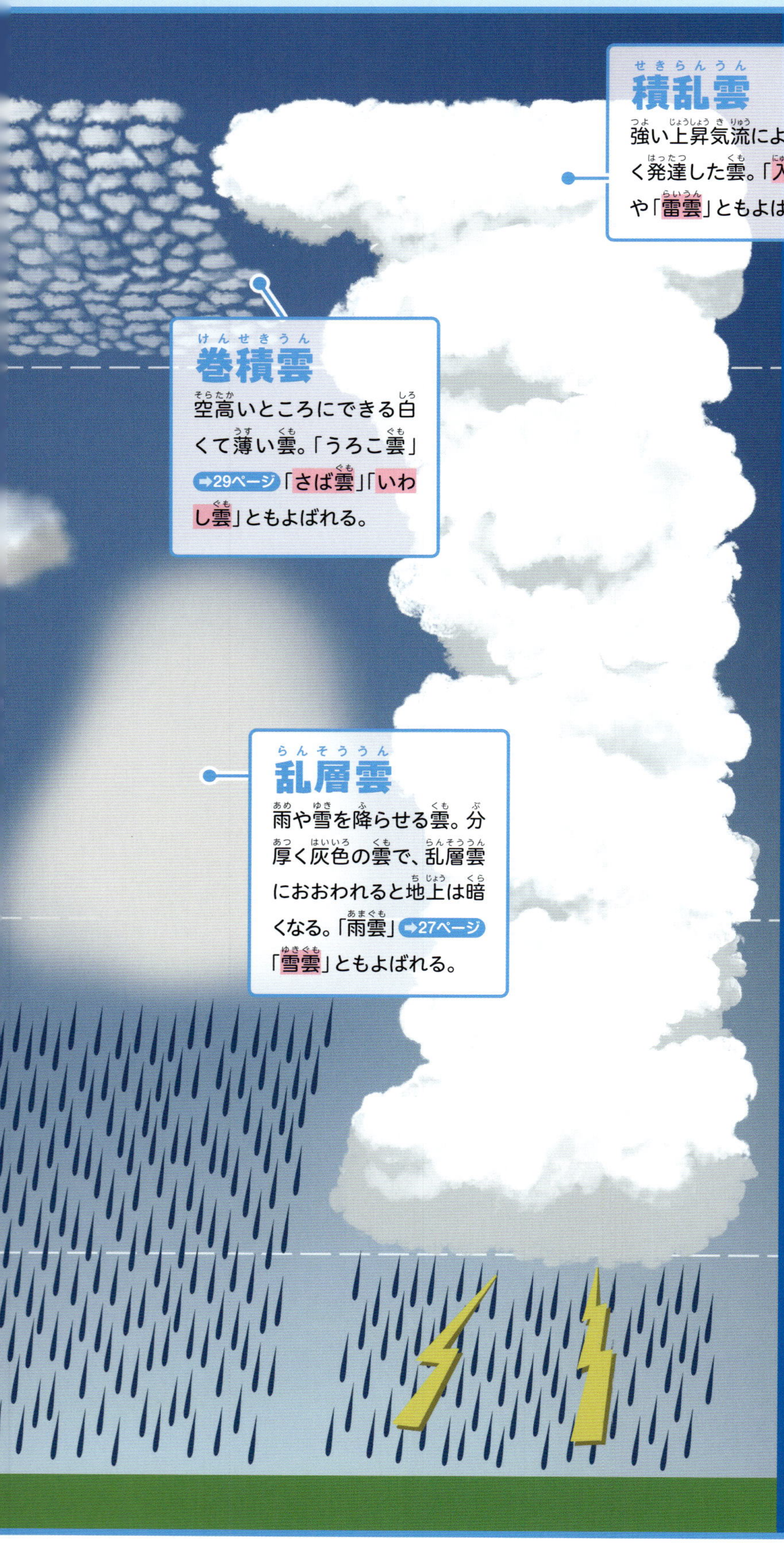

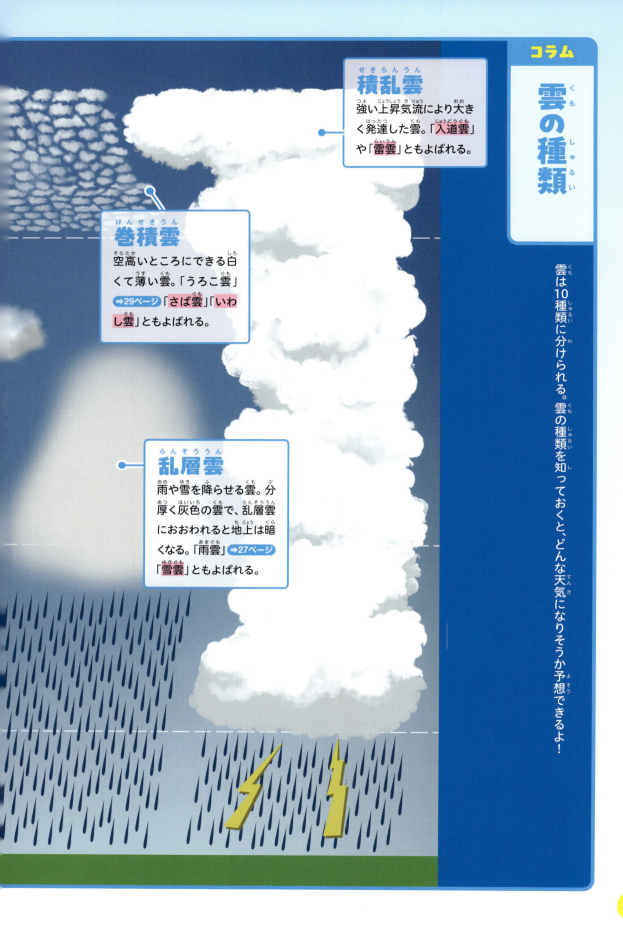

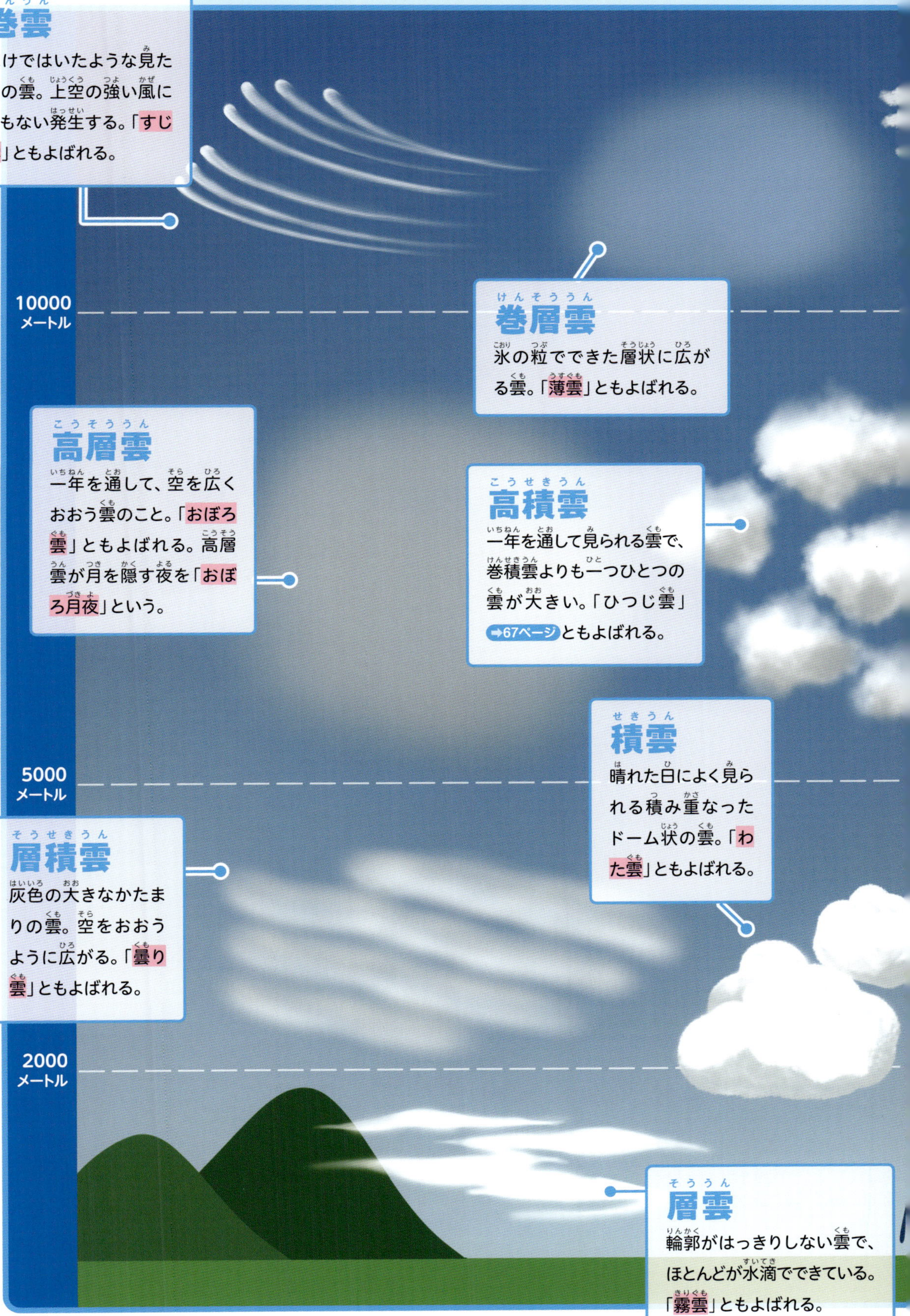

巻雲《けんうん》

はけではいたような見《み》た目《め》の雲《くも》。上空《じょうくう》の強《つよ》い風《かぜ》にともない発生《はっせい》する。「すじ雲《ぐも》」ともよばれる。

巻層雲《けんそううん》

氷《こおり》の粒《つぶ》でできた層状《そうじょう》に広《ひろ》がる雲《くも》。「薄雲《うすぐも》」ともよばれる。

高層雲《こうそううん》

一年《いちねん》を通《とお》して、空《そら》を広《ひろ》くおおう雲《くも》のこと。「おぼろ雲《ぐも》」ともよばれる。高層《こうそう》雲《うん》が月《つき》を隠《かく》す夜《よる》を「おぼろ月夜《づきよ》」という。

高積雲《こうせきうん》

一年《いちねん》を通《とお》して見《み》られる雲《くも》で、巻積雲《けんせきうん》よりも一《ひと》つひとつの雲《くも》が大《おお》きい。「ひつじ雲《ぐも》」➡67ページともよばれる。

積雲《せきうん》

晴《は》れた日《ひ》によく見《み》られる積《つ》み重《かさ》なったドーム状《じょう》の雲《くも》。「わた雲《ぐも》」ともよばれる。

層積雲《そうせきうん》

灰色《はいいろ》の大《おお》きなかたまりの雲《くも》。空《そら》をおおうように広《ひろ》がる。「曇《くも》り雲《ぐも》」ともよばれる。

層雲《そううん》

輪郭《りんかく》がはっきりしない雲《くも》で、ほとんどが水滴《すいてき》でできている。「霧雲《きりぐも》」ともよばれる。

グリーンフラッシュ

意

日没《にちぼつ》の直前《ちょくぜん》や日《ひ》の出《で》 ↓74ページ の直後《ちょくご》に太陽《たいよう》が緑色《みどりいろ》に輝《かがや》く現象《げんしょう》。太陽光《たいようこう》が大気《たいき》によって屈折《くっせつ》することで起《お》こる。「緑閃光《りょくせんこう》」ともいう。

例

「グリーンフラッシュはめったに見《み》られないから、見《み》ると幸《しあわ》せになれるといわれているんだって」

海《うみ》に沈《しず》みつつある太陽《たいよう》が、最後《さいご》の一瞬《いっしゅん》だけ緑色《みどりいろ》に光《ひか》っているように見《み》える。

けあらし

冬

意

冬《ふゆ》の寒《さむ》い朝《あさ》に見《み》られる、水面《すいめん》から立《た》ち上《のぼ》る湯気《ゆげ》のような霧《きり》。冷《つめ》たい空気《くうき》が川《かわ》や海《うみ》などに流《なが》れ出《で》ると、温度差《おんどさ》により霧《きり》が発生《はっせい》する。

例

「この冬《ふゆ》いちばんの冷《ひ》えこみで、沿岸部《えんがんぶ》にけあらしがあらわれました」

湖面《こめん》から立《た》ちのぼる、けあらし。初冬《しょとう》の冷《ひ》えこみの強《つよ》まった朝《あさ》にあらわれやすい。

警報級《けいほうきゅう》

意

気象庁《きしょうちょう》は重大《じゅうだい》な災害《さいがい》が発生《はっせい》するおそれのあるときに警報《けいほう》 ↓9ページ を発表《はっぴょう》する。警報《けいほう》の基準《きじゅん》以上《いじょう》の暴風《ぼうふう》や大雨《おおあめ》 ↓51ページ などが予想《よそう》された場合《ばあい》のよびかけに使《つか》われることば。

例

「北海道《ほっかいどう》は明日《あす》の明《あ》け方《がた》までに、警報級《けいほうきゅう》の大雪《おおゆき》が降《ふ》るおそれがあります」

幻日《げんじつ》

意

太陽《たいよう》の両側《りょうがわ》に光《ひかり》の点《てん》があらわれる現象《げんしょう》。氷《こおり》の結晶《けっしょう》による太陽《たいよう》の光《ひかり》の屈折《くっせつ》によりできる。

例

「珍《めずら》しい幻日《げんじつ》のようすが撮影《さつえい》されました」

光環《こうかん》

意

太陽《たいよう》や月《つき》のまわりに見《み》える光《ひかり》の輪《わ》。太《たい》陽《よう》の光《ひかり》が雲《くも》の粒《つぶ》などにぶつかり、まわりこんで進《すす》むことにより起《お》こる。黄《こう》砂《さ》や花粉《かふん》、火山灰《かざんばい》などでも見《み》られる。花粉《かふん》で光《ひかり》が屈折《くっせつ》することを「花粉光《かふんこう》環《かん》」という。

例

「太陽《たいよう》のまわりに光環《こうかん》が見《み》えるね」

降水量《こうすいりょう》

意

観測《かんそく》する時刻《じこく》までの一定《いってい》の時間《じかん》（1時《じ》間《かん》など）に降《ふ》った雨《あめ》の量《りょう》。雨《あめ》がどこにも流《なが》れずたまった場合《ばあい》の深《ふか》さのことで、ミリ（メートル）であらわす。

例

「1時間《じかん》の降水量《こうすいりょう》が120ミリ以上《いじょう》の大雨《おおあめ》が降《ふ》っています」

降雪量《こうせつりょう》

意

時間《じかん》ごとに降《ふ》り積《つ》もった雪《ゆき》の深《ふか》さのことで、センチ（メートル）であらわす。ある時点《じてん》での積《つ》もった雪《ゆき》の深《ふか》さを「積《せき》雪深《せっしん》」という。

例

「朝《あさ》8時《じ》から9時《じ》までの1時間《じかん》の降雪《こうせつ》量《りょう》は5センチでした」

高層気象観測《こうそうきしょうかんそく》

意

上空《じょうくう》の大気《たいき》の状態《じょうたい》を観測《かんそく》すること。観《かん》測器《そくき》を気球《ききゅう》に取《と》りつけて飛《と》ばす、ラジオゾンデ ↓19ページ や地上《ちじょう》から上空《じょうくう》に向《む》けて電波《でんぱ》を発射《はっしゃ》する、ウィンドプロファイラによる観測《かんそく》がある。

例

「高層気象観測《こうそうきしょうかんそく》のために、ラジオゾンデという観測装置《かんそくそうち》を、毎日《まいにち》、気球《ききゅう》で飛《と》ばしています」

ラジオゾンデ。

決壊《けっかい》／ゲリラ豪雨《ごうう》／ゲリラ雷雨《らいう》／洪水《こうずい》 ↓51ページ　巻雲《けんうん》／巻層雲《けんそううん》／高積雲《こうせきうん》／高層雲《こうそううん》 ↓41ページ　巻積雲《けんせきうん》 ↓40ページ　光化学《こうかがく》スモッグ ↓35ページ　高気圧《こうきあつ》 ↓37ページ
黄砂《こうさ》 ↓66ページ　恒常風《こうじょうふう》 ↓32ページ　光芒《こうぼう》 ↓59ページ

紅葉《こうよう》

秋

意 秋《あき》に木《こ》の葉《は》が赤《あか》や黄色《きいろ》にかわること。イロハカエデなどが紅葉《こうよう》する日《ひ》を結《むす》んで地図上《ちずじょう》に示《しめ》したものが紅葉前線《こうようぜんせん》（➡53ページ）。

例 「今年《ことし》の紅葉《こうよう》の見《み》ごろは、平年並《へいねんな》みになると予想《よそう》されます」

赤《あか》く色《いろ》づいたモミジ。夜間《やかん》の冷《ひ》えこみが強《つよ》まると、いっそう鮮《あざ》やかに色《いろ》づく。

粉雪《こなゆき》

冬

意 非常《ひじょう》に細《こま》かい、さらさらとした粉《こな》のような雪《ゆき》（➡73ページ）。気温《きおん》が低《ひく》く、空気《くうき》が乾燥《かんそう》しているときに降《ふ》る。英語《えいご》で「パウダースノー」という。

句 「粉雪《こなゆき》の散《ち》り来《く》る迅《はや》し草《くさ》の原《はら》」（長谷川《はせがわ》かな女《じょ》）
草原《そうげん》に、ものすごい速《はや》さで粉雪《こなゆき》が降《ふ》るようすをうたっている。

北海道《ほっかいどう》の朝《あさ》の雪景色《ゆきけしき》。寒冷地《かんれいち》の北海道《ほっかいどう》の雪《ゆき》はさらさらで、海外《かいがい》のスキーヤーにも人気《にんき》がある。

彩雲《さいうん》

意 雲《くも》に虹《にじ》のような色《いろ》がついて見《み》える現象《げんしょう》。高《たか》いところの薄《うす》い雲《くも》が太陽《たいよう》の近《ちか》くを通《とお》るときに見《み》られることがある。太陽《たいよう》の光《ひかり》が雲《くも》の粒《つぶ》をまわりこんで進《すす》むことにより発生《はっせい》する。「瑞雲《ずいうん》」「景雲《けいうん》」「紫雲《しうん》」というよび方《かた》もある。

例 「彩雲《さいうん》は珍《めずら》しい現象《げんしょう》だったため、昔《むかし》は、よいことが起《お》こる前兆《ぜんちょう》だと考《かんが》えられていました」

📷 塩見泰子

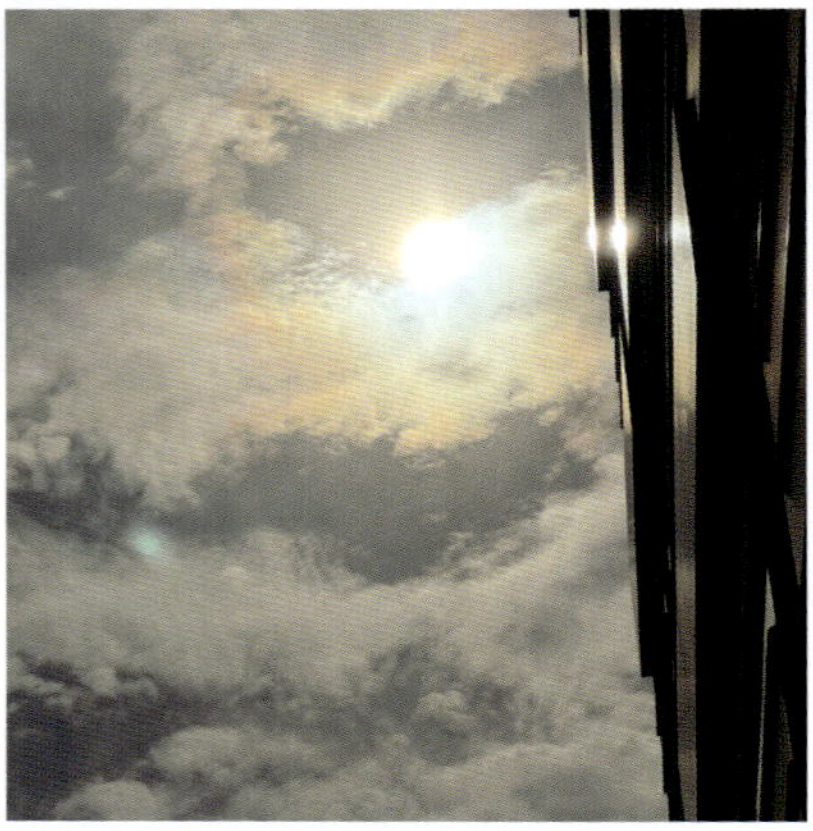

太陽《たいよう》のまわりがうっすらと虹色《にじいろ》に輝《かがや》いている。縁起《えんぎ》がよいとされていた。

災《さい》害《がい》

意

地震《じしん》 ↓48ページ や大雨《おおあめ》 ↓51ページ などの自然現象《しぜんげんしょう》や事故《じこ》や火事《かじ》などの人為的《じんいてき》な要因《よういん》によって、広範囲《こうはんい》に被害《ひがい》が出《で》ること。そのような災害《さいがい》が起《お》こるおそれがあるときの気象状況《きしょうじょうきょう》は警報《けいほう》 ↓9ページ の対象《たいしょう》となる。

例

「これまでの大雨《おおあめ》により、災害《さいがい》がいつ起《お》きてもおかしくありません」

催《さい》花《か》雨《う》

意

桜《さくら》をはじめさまざまな植物《しょくぶつ》の開花《かいか》をうながすような春《はる》の雨《あめ》。

例

「昨日《きのう》の雨《あめ》が催花雨《さいかう》となり、桜《さくら》が次々《つぎつぎ》開花《かいか》しました」

催《さい》涙《るい》雨《う》

意

七夕《たなばた》の日《ひ》に降《ふ》る雨《あめ》。七夕《たなばた》にしか会《あ》うことができない織姫《おりひめ》と彦星《ひこぼし》が天《あま》の川《がわ》を渡《わた》れず、悲《かな》しみから流《なが》した涙《なみだ》にたとえている。

例

「明日《あす》は七夕《たなばた》ですが、残念《ざんねん》ながら催涙《さいるい》雨《う》になりそうです」

桜《さくら》前《ぜん》線《せん》

意

桜《さくら》の開花《かいか》が進《すす》むようすを示《しめ》すもの。おもにソメイヨシノの開花日《かいかび》 ↓53ページ が等《ひと》しい地点《ちてん》を結《むす》んだ線《せん》で、南《みなみ》から北《きた》へと進《すす》んでいく。

例

「桜前線《さくらぜんせん》が北上中《ほくじょうちゅう》。4月20日《がつはつか》には北海道《ほっかいどう》に到達《とうたつ》するでしょう」

3か月《げつ》予《よ》報《ほう》

意

季節予報《きせつよほう》 ↓39ページ のひとつ。向《む》こう3か月《げつ》の気温《きおん》や降水量《こうすいりょう》などの、大《おお》まかな傾向《けいこう》を予報《よほう》する。

例

「気象庁《きしょうちょう》は8月《がつ》から10月《がつ》までの3か月《げつ》予報《よほう》を発表《はっぴょう》しました」

木枯《こが》らし一号《いちごう》／東風《こち》 ↓33ページ　こしまり雪《ゆき》／ざらめ雪《ゆき》 ↓73ページ　小春日和《こはるびより》 ↓76ページ　五風十雨《ごふうじゅうう》 ↓76ページ　小望月《こもちづき》 ↓56ページ　暦《こよみ》／雑節《ざっせつ》 ↓12ページ
サイクロン ↓33ページ　最高気温《さいこうきおん》／最低気温《さいていきおん》 ↓38ページ　山茶花梅雨《さざんかづゆ》 ↓57ページ　砂《さ》じん嵐《あらし》 ↓49ページ　さば雲《ぐも》 ↓40ページ　五月雨《さみだれ》 ↓57・78ページ

三寒四温《さんかんしおん》

冬

意

冬《ふゆ》に3日《か》ほど寒《さむ》さが続《つづ》いたあと、4日《か》ほど暖《あたた》かさが続《つづ》き、それが繰《く》り返《かえ》されること。

例

「三寒四温《さんかんしおん》の候《こう》、いかがおすごしでしょうか」

残暑《ざんしょ》

秋

意

暦《こよみ》 ↓12ページ の上《うえ》で秋《あき》になる立秋《りっしゅう》を過《す》ぎても続《つづ》く暑《あつ》さのこと。

例

「残暑見舞《ざんしょみま》い」には、「残暑厳《ざんしょきび》しい折《おり》から、おかわりございませんか」などのあいさつ文《ぶん》を書《か》く。

コラム

書《か》いてみよう！ 残暑見舞《ざんしょみま》い

残暑見舞《ざんしょみま》いは、残暑《ざんしょ》に送《おく》る季節《きせつ》のあいさつの手紙《てがみ》。はじめに「残暑見舞《ざんしょみま》い申《もう》し上《あ》げます」という決《き》まり文句《もんく》のあとに、季節《きせつ》のうつりかわりや、相手《あいて》の健康《けんこう》を気《き》づかう文章《ぶんしょう》を書《か》く。

残暑お見舞い
申し上げます
厳しい暑さが
続いておりますが、
みなさまお健やかに
おすごしでしょうか。

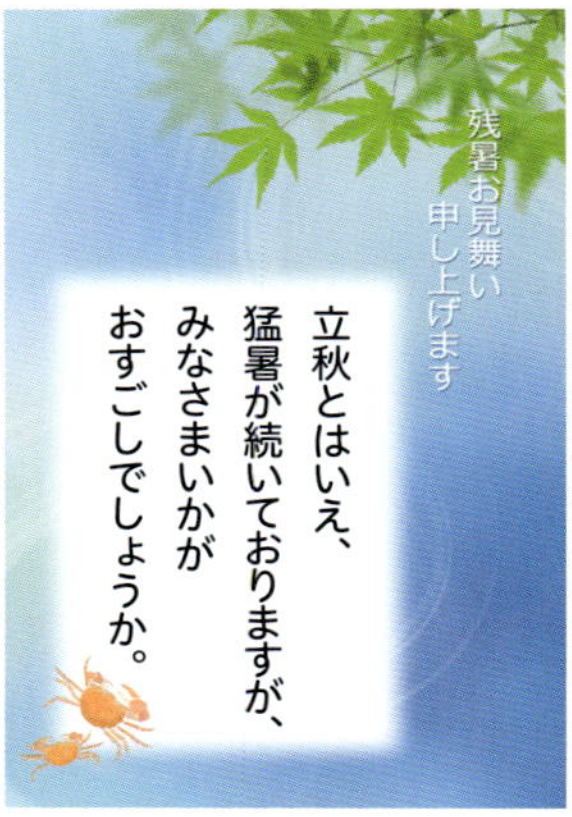
残暑お見舞い
申し上げます
立秋とはいえ、
猛暑が続いておりますが、
みなさまいかが
おすごしでしょうか。

コラム

潮《しお》・波《なみ》の関《かん》することば

潮《しお》とは、海水《かいすい》のことで、月《つき》や太陽《たいよう》の力《ちから》に引《ひ》っぱられて動《うご》き、満《み》ちたり、引《ひ》いたりする。潮《しお》がいちばん満《み》ちて海面《かいめん》がもっとも高《たか》くなるときを「満潮《まんちょう》」という。もっとも低《ひく》いときは「干潮《かんちょう》」という。満潮《まんちょう》と干潮《かんちょう》は、通常《つうじょう》1日《か》2回《かい》起《お》こる。高低《こうてい》をつけながら海水《かいすい》が動《うご》くことを「波《なみ》」「波《は》浪《ろう》」という。

大潮《おおしお》

干満《かんまん》の差《さ》が非常《ひじょう》に大《おお》きくなる時期《じき》。潮《しお》の満《み》ち引《ひ》きは月《つき》の引力《いんりょく》により、新月《しんげつ》や満月《まんげつ》のころに起《お》きる。

高潮《たかしお》

台風《たいふう》や低気圧《ていきあつ》が通過《つうか》するときに、海面《かいめん》が異常《いじょう》に高《たか》くなる現象《げんしょう》。台風《たいふう》や低気圧《ていきあつ》が近《ちか》づくと気圧《きあつ》が下《さ》がり、海面《かいめん》が吸《す》い上《あ》げられるように上昇《じょうしょう》する。また台風《たいふう》や低気圧《ていきあつ》にともなう強《つよ》い風《かぜ》が海岸付近《かいがんふきん》

サンピラー

意

朝日《あさひ》や夕日《ゆうひ》の光《ひかり》が柱《はしら》のように見《み》える現象《げんしょう》。「太陽柱《たいようちゅう》」ともいう。氷《こおり》の粒《つぶ》でできた雲《くも》が広《ひろ》がるときにあらわれる。ダイヤモンドダスト ⬇54ページ でも起《お》きる。

例

「今日《きょう》の夕方《ゆうがた》、東京《とうきょう》ではサンピラーが観測《かんそく》されました」

しぐれ

冬

意

晩秋《ばんしゅう》から初冬《しょとう》にかけて、ぱらぱらと降《ふ》る、一時的《いちじてき》な雨《あめ》のこと。「時雨《しぐれ》」と書《か》く。

句

「熊笹《くまざさ》のささへり白《しろ》し時雨《しぐれ》ふる」（川端《かわばた》茅舎《ぼうしゃ》）

熊笹《くまざさ》の葉《は》のへりの白《しろ》い部分《ぶぶん》としぐれを対比《たいひ》させている。

しぐれ虹《にじ》

冬

意

晩秋《ばんしゅう》から初冬《しょとう》にかけてしぐれのあとにあらわれる虹《にじ》。雨《あめ》に太陽光《たいようこう》が反射《はんしゃ》・屈折《くっせつ》すると虹《にじ》があらわれる。雪《ゆき》では虹《にじ》はあらわれない。虹《にじ》は、夏《なつ》にあらわれやすいが、日本海側《にっぽんかいがわ》の地域《ちいき》では晩秋《ばんしゅう》から初冬《しょとう》にかけても多《おお》くみられる。虹《にじ》は俳句《はいく》では夏《なつ》の季語《きご》だが、しぐれ虹《にじ》は冬《ふゆ》の季語《きご》。

例

「しぐれ虹《にじ》は、日本海側《にっぽんかいがわ》で多《おお》く見《み》られます」

冬《ふゆ》の空《そら》にかかるしぐれ虹《にじ》。

へ向《む》かって吹《ふ》くと、海水《かいすい》が海岸《かいがん》に吹《ふ》きよせられて海面《かいめん》が上昇《じょうしょう》する。

高波《たかなみ》

おもに風《かぜ》のエネルギーによって引《ひ》き起《お》こされる高《たか》い波《なみ》。台風《たいふう》が接近《せっきん》すると、波《なみ》が10メートルを超《こ》えることもある。

津波《つなみ》

火山《かざん》の噴火《ふんか》や地震《じしん》 ⬇48ページ によって引《ひ》き起《お》こされる大《おお》きな波《なみ》。tsunami《ツナミ》として世界共通語《せかいきょうつうご》にもなっている。

土用波《どようなみ》

夏《なつ》の土用《どよう》（立秋前《りっしゅうまえ》の18日間《にちかん》）の時期《じき》に発生《はっせい》する高波《たかなみ》。晴《は》れて風《かぜ》が弱《よわ》いのに、遠《とお》く離《はな》れた台風《たいふう》がうねりをもたらす。

地震《じしん》⬇48ページ　七十二候《しちじゅうにこう》⬇13ページ　湿舌《しつぜつ》⬇51ページ　視程《してい》⬇49ページ　しまり雪《ゆき》⬇73ページ　秋雨《しゅうう》⬇57ページ　驟雨《しゅうう》⬇61ページ

コラム

地震《じしん》に関《かん》することば

地震《じしん》とは、地下《ちか》の岩盤《がんばん》（プレート）や地表近《ちひょうちか》くの断《だん》層《そう》がまわりからおされる、もしくは引《ひ》っぱられることで、急《きゅう》にずれる現象《げんしょう》。プレートが急《きゅう》にずれるとゆれ（地震波《じしんは》）が起《お》こり、そのゆれが地表《ちひょう》に達《たっ》すると地表《ちひょう》もゆれる。地震《じしん》が発生《はっせい》したときのずれた部《ぶ》分《ん》を「震源《しんげん》」「震源域《しんげんいき》」という。地震《じしん》の規模《きぼ》はマグニチュード（M）、ゆれの強《つよ》さは「震度《しんど》」であらわされる。M7以上《いじょう》を大地震《だいじしん》という。2011年《ねん》3月《つき》11日《か》に起《お》きた東日本大震災《ひがしにほんだいしんさい》はM9だった。

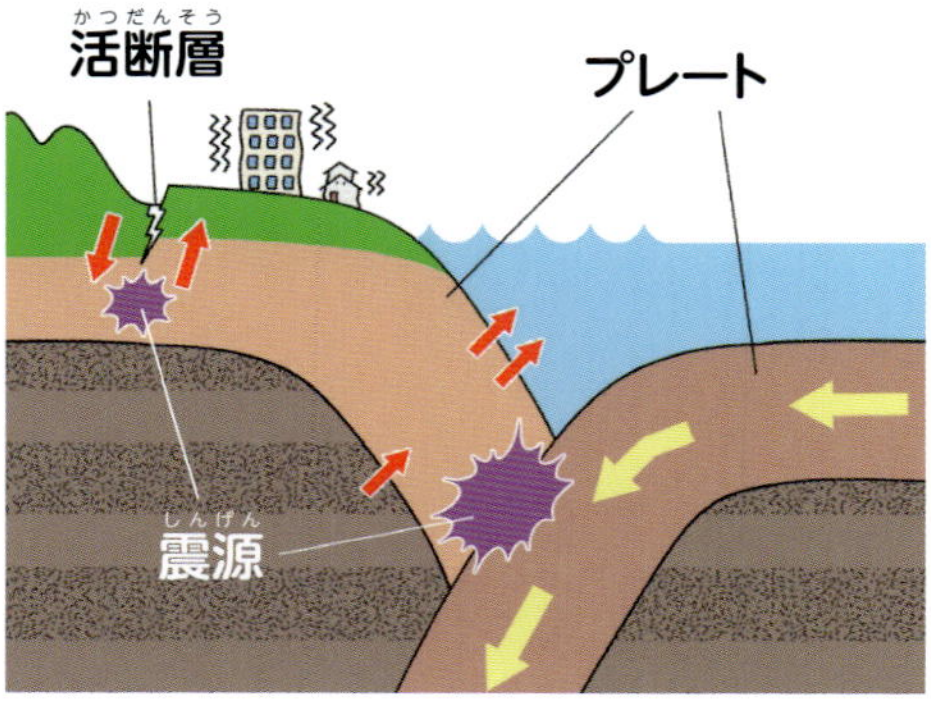

日本《にほん》は地震大国《じしんたいこく》

日本《にほん》のまわりには、いくつものプレートがある。プレートの境目《さかいめ》は地震《じしん》が起《お》きやすいため、日本《にほん》は世界的《せかいてき》にも地震《じしん》が発《はっ》生《せい》しやすい国《くに》だ。フィリピン海《かい》プレートとユーラシアプレートが接《せっ》していて、フィリピン海《かい》プレートがユーラシアプレートの下《した》にもぐりこむ、この区域《くいき》を「南海《なんかい》トラフ」といい、ここのずれで起《お》きる100年《ねん》に一度《いちど》の大地震《だいじしん》が危険視《きけんし》されている。

地震《じしん》に備《そな》える！緊急地震速報《きんきゅうじしんそくほう》

緊急地震速報《きんきゅうじしんそくほう》とは、大《おお》きな地震《じしん》が起《お》きる直前《ちょくぜん》に、地震《じしん》を知《し》らせるしくみ。地震《じしん》は、地震波《じしんは》という波《なみ》の形《かたち》でゆれが伝《つた》わる。その波《なみ》にはP波《ピーは》、S波《エスは》という2つがある。この2つの地震波《じしんは》は、同時《どうじ》に発生《はっせい》するが、P《ピー》波《は》はS波《エスは》よりも速《はや》く伝《つた》わり、ゆれは小《ちい》さい。そのあとにくるS波《エスは》が大《おお》きいゆれになる。この差《さ》を生《い》かし、緊急地震速報《きんきゅうじしんそくほう》が出《だ》される。

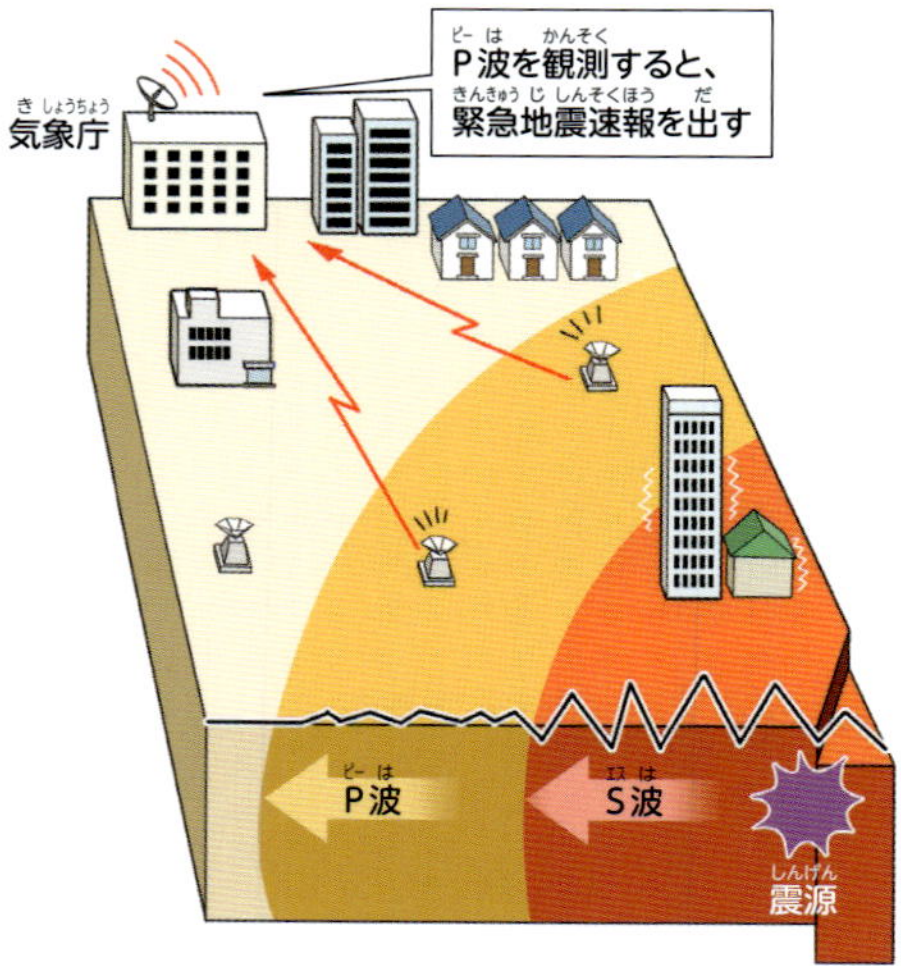

十五夜《じゅうごや》／十三夜月《じゅうさんやづき》➡56ページ　集中豪雨《しゅうちゅうごうう》➡51ページ

コラム

視程《してい》に関《かん》することば

視程《してい》とは、見通《みとお》せる距離《きょり》のこと。目標物《もくひょうぶつ》を目《め》で見《み》て視程《してい》を確認《かくにん》する目視観測《もくしかんそく》や、視程計《していけい》を使《つか》った観測《かんそく》が行《おこな》われる。空気中《くうきちゅう》に小《ち》さなチリやけむりの粒《つぶ》がたくさんうかんで、先《さき》が白《しろ》っぽく見《み》えることを霞《かすみ》という。

また、空気中《くうきちゅう》の水蒸気《すいじょうき》が細《こま》かい水滴《すいてき》となってうかんでいる状態《じょうたい》は「靄《もや》」「霧《きり》」という。見通《みとお》せる距離《きょり》、見《み》える範囲《はんい》によってよび方《かた》がかわる。靄《もや》は視程《してい》が1キロメートル以《い》上《じょう》、霧《きり》は1キロメートル未満《みまん》、濃霧《のうむ》は陸上《りくじょう》で約《やく》100メートル以下《いか》をさす。そのほかにも下《した》のように視程《してい》に関《かん》することばはたくさんある。

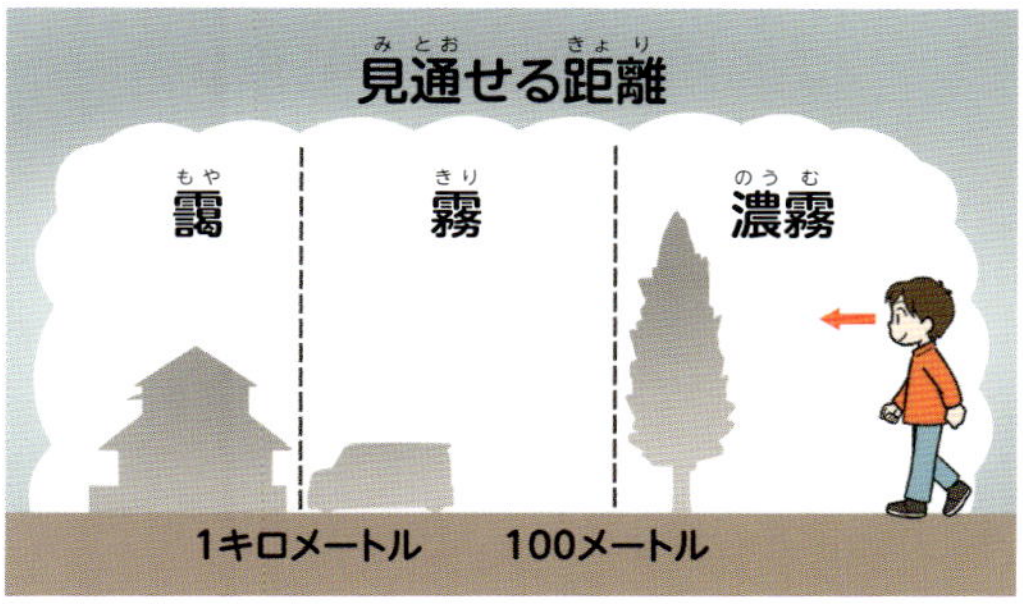

砂《さ》じん嵐《あらし》

強《つよ》い風《かぜ》によって、砂《すな》やチリが吹《ふ》き上《あ》げられ空高《そらたか》く舞《ま》い上《あ》がる現象《げんしょう》。

煙霧《えんむ》

乾《かわ》いた微小粒子《びしょうりゅうし》が大気中《たいきちゅう》にうかび、見通《みとお》しが悪《わる》くなる現象《げんしょう》。

海霧《うみぎり》

暖《あたた》かい空気《くうき》が、冷《つめ》たい海《うみ》の上《うえ》に流《なが》れ出《で》ることにより、空気《くうき》が冷《ひ》やされて発生《はっせい》する霧《きり》。「かいむ」とも読《よ》む。

吹雪《ふぶき》

やや強《つよ》い風《かぜ》が雪《ゆき》をともなって吹《ふ》くこと。地面《じめん》に積《つ》もった雪《ゆき》が吹《ふ》き上《あ》げられたものは「地吹雪《じふぶき》」という。

ホワイトアウト

雪《ゆき》によって視界《しかい》が悪《わる》くなる現象《げんしょう》。

週間天気予報《しゅうかんてんきよほう》

意

1週間先《しゅうかんさき》までの天気《てんき》や気温《きおん》などの予報《よほう》。気象庁《きしょうちょう》からは毎日午前《まいにちごぜん》11時《じ》ごろと午後《ごご》5時《じ》ごろに発表《はっぴょう》される。

例

「週間天気予報《しゅうかんてんきよほう》によると、今度《こんど》の三連休《さんれんきゅう》は、晴天《せいてん》が続《つづ》くでしょう」

縦断《じゅうだん》／横断《おうだん》

意

台風《たいふう》の動《うご》きを伝《つた》えるときに使《つか》われることばで、縦断《じゅうだん》は縦《たて》または南北方向《なんぼくほうこう》に通《とお》りぬけること、横断《おうだん》は横《よこ》または東西《とうざい》の方向《ほうこう》に横切《よこぎ》ること。

例

「台風《たいふう》10号《ごう》が日本列島《にほんれっとう》を縦断《じゅうだん》する予想《よそう》です。土砂災害《どしゃさいがい》に注意《ちゅうい》が必要《ひつよう》です」

樹氷《じゅひょう》

冬

意

細《こま》かい水滴《すいてき》や水蒸気《すいじょうき》が樹木《じゅもく》などにぶつかることで、凍《こお》ってくっついたもの。蔵王《ざおう》や八甲田山《はっこうださん》などが樹氷《じゅひょう》で有名《ゆうめい》。形《かたち》が似《に》ているため、「エビの尻尾《しっぽ》」とよばれる。成長《せいちょう》したものを「スノーモンスター」52ページという。

例

「山形県《やまがたけん》の蔵王《ざおう》では、樹氷《じゅひょう》が見《み》ごろを迎《むか》えました」

樹氷《じゅひょう》を近《ちか》くで観測《かんそく》すると、細《こま》かな氷《こおり》の粒《つぶ》が樹木《じゅもく》にびっしりと付着《ふちゃく》しているようすがわかる。

蜃気楼《しんきろう》

春

意

遠《とお》くの景色《けしき》や物体《ぶったい》が伸《の》びて見《み》えたり、逆《さか》さまに見《み》えたりする現象《げんしょう》。海《うみ》の上《うえ》に、実際《じっさい》とは違《ちが》った景色《けしき》があらわれる。温《おん》度差《どさ》のある空気層《くうきそう》を光《ひかり》が通《とお》るときに、屈折《くっせつ》することで発生《はっせい》する。

例

「富山湾《とやまわん》では、今年《ことし》も蜃気楼《しんきろう》が観測《かんそく》されました」

水位《すいい》

意

川《かわ》やダム、湖《みずうみ》などの水面《すいめん》の高《たか》さのこと。川《かわ》からいつ水《みず》があふれだしてもおかしくない危険《きけん》な水位《すいい》を「氾濫危険水位《はんらんきけんすいい》」という。

例

「川《かわ》が氾濫危険水位《はんらんきけんすいい》に達《たっ》しました」

水蒸気《すいじょうき》

意

水《みず》が無色透明《むしょくとうめい》な気体《きたい》になった状態《じょうたい》。

例

「雲《くも》は空気中《くうきちゅう》の水蒸気《すいじょうき》がもとになっています」

数値予報《すうちよほう》

意

数値予報《すうちよほう》モデルという、コンピュータープログラムを用《もち》いた、天気《てんき》を予測《よそく》する方法《ほうほう》。天気予報《てんきよほう》には数値予報《すうちよほう》の予測結果《よそくけっか》が使《つか》われる。観測《かんそく》データを使《つか》い、コンピューターで近《ちか》い未来《みらい》の気《き》象《しょう》をシミュレーションする。

例

「数値予報《すうちよほう》の導入《どうにゅう》により、天気予報《てんきよほう》がより正確《せいかく》にできるようになりました」

コラム

水害《すいがい》に関《かん》することば

水害《すいがい》とは、台風《たいふう》 ⬇10ページ や梅雨前線《ばいうぜんせん》 ⬇57ページ などによる**大雨**《おおあめ》が原因《げんいん》で発生《はっせい》する災害《さいがい》や被害《ひがい》。土砂《どしゃ》くずれ、浸水《しんすい》、**洪水**《こうずい》などがある。防災対策《ぼうさいたいさく》として、国土地理院《こくどちりいん》が出《だ》している自然災害《しぜんさいがい》による被害《ひがい》や防災《ぼうさい》のための地図《ちず》「**ハザードマップ**」や、気象庁《きしょうちょう》の「キキクル」がある。

キキクル

気象庁《きしょうちょう》が出《だ》している情報《じょうほう》で、災害《さいがい》の危険度《きけんど》の高《たか》まりを地図上《ちずじょう》で確認《かくにん》できる。大雨《おおあめ》による土砂災害《どしゃさいがい》、浸水害《しんすいがい》、洪《こう》水災害《ずいさいがい》などの危険度《きけんど》が5段階《だんかい》に分《わ》けられている。

湿舌《しっぜつ》

暖《あたた》かく湿《しめ》った気流《きりゅう》が舌《した》のような形《かたち》で進入《しんにゅう》している部分《ぶぶん》。前線《ぜんせん》などと結《むす》びつき大雨《おおあめ》を降《ふ》らせる。

線状降水帯《せんじょうこうすいたい》

列《れつ》をつくるように積乱雲《せきらんうん》 ⬇40ページ が次々発生《つぎつぎはっせい》することで、線状《せんじょう》に雨《あめ》の範囲《はんい》が伸《の》びたもの。同《おな》じ場所《ばしょ》に数時《すうじ》間《かん》、激《はげ》しい雨《あめ》が降《ふ》るため、急激《きゅうげき》に災害《さいがい》の危険性《きけんせい》が高《たか》まる。

春雨《しゅんう》 ⬇57ページ
春日遅遅《しゅんじつちち》 ⬇76ページ
上弦《じょうげん》の月《つき》／新月《しんげつ》／スーパームーン ⬇56ページ
初鳴《しょめい》 ⬇53ページ
新雪《しんせつ》 ⬇73ページ
スーパー台風《たいふう》 ⬇33ページ
すじ雲《ぐも》 ⬇41ページ

スノーモンスター

意

アオモリトドマツなどの樹木《じゅもく》が氷《こおり》と雪《ゆき》におおわれ、巨大《きょだい》なかたまりに成長《せいちょう》したもの。樹氷《じゅひょう》⬇50ページの一種《いっしゅ》。蔵《ざ》王《おう》が有名《ゆうめい》。

例

「暖冬《だんとう》の影響《えいきょう》で、スノーモンスターの成長《せいちょう》が遅《おく》れています」

まるで怪物《かいぶつ》のような姿《すがた》をした蔵王《ざおう》の巨大《きょだい》なスノーモンスター。

静電気《せいでんき》

意

摩擦《まさつ》などにより、本来《ほんらい》はつり合《あ》いのとれているプラスの電気《でんき》とマイナスの電気《でんき》にかたよりができてしまうこと。空気《くうき》が乾燥《かんそう》する冬《ふゆ》に、金属《きんぞく》などにふれると放電《ほうでん》する。

例

「空気《くうき》が乾燥《かんそう》するようになり、静電気《せいでんき》が発生《はっせい》しやすい時期《じき》になりました」

コラム

生物季節観測《せいぶつきせつかんそく》に関《かん》することば

生物季節観測《せいぶつきせつかんそく》とは、植物《しょくぶつ》や生物《せいぶつ》の状態《じょうたい》が季節《きせつ》によって変化《へんか》するようすを観測《かんそく》すること。気象庁《きしょうちょう》では、全国《ぜんこく》で統一《とういつ》した基準《きじゅん》により梅《うめ》と桜《さくら》の開花《かいか》した日《ひ》、カエデとイチョウが紅葉《こうよう》（黄葉《こうよう》）⬇44ページした日《ひ》などを観測《かんそく》している。昭和《しょうわ》28年《ねん》（1953年《ねん》）からはじまり、全国《ぜんこく》58地点《ちてん》で植物《しょくぶつ》34種目《しゅもく》、動物《どうぶつ》23種目《しゅもく》を観測《かんそく》してきた。しかし、生活環境《せいかつかんきょう》の変化《へんか》により、標本木《ひょうほんぼく》を保《たも》ち続《つづ》けること、対象《たいしょう》の生《い》き物《もの》を見《み》つけることが難《むずか》しくなってきたため、令和《れいわ》3年《ねん》からは 植物《しょくぶつ》の6種目《しゅもく》（桜《さくら》、梅《うめ》、アジサイ、イチョウ、カエデ、ススキ）のみとなった。観測《かんそく》の結果《けっか》は、季節《きせつ》の遅《おく》れ進《すす》み、気候《きこう》の違《ちが》いや変化《へんか》など、気象《きしょう》

植物《しょくぶつ》

開花《かいか》、満開《まんかい》、紅葉《こうよう》、落葉《らくよう》など9現象《げんしょう》を確認《かくにん》している。

標本木《ひょうほんぼく》

桜《さくら》の開花《かいか》など、観測《かんそく》するために定《さだ》められた草木《くさき》。桜《さくら》はソメイヨシノが基本《きほん》。沖縄《おきなわ》ではカンヒザクラ、北海道《ほっかいどう》ではエゾヤマザクラが標本木《ひょうほんぼく》となる。

状況《じょうきょう》のうつりかわりを調《しら》べるために使《つか》われたり、新聞《しんぶん》やテレビの天気予報《てんきよほう》などに利用《りよう》されたりしている。

とくにソメイヨシノの開花《かいか》は天気予報《てんきよほう》でよく取《と》りあげられている。そのようすは「桜前線《さくらぜんせん》」⬇45ページとして地図上《ちずじょう》に示《しめ》される。

桜《さくら》の花芽《はなめ》は前年《ぜんねん》の夏《なつ》にはできており、秋《あき》から冬《ふゆ》は成長《せいちょう》しないように眠《ねむ》った状態《じょうたい》（休眠《きゅうみん》）になっている。そして、低温《ていおん》の刺激《しげき》を受《う》けると眠《ねむ》りから覚《さ》める（休眠打破《きゅうみんだは》）。休眠打破《きゅうみんだは》の日《ひ》を基準《きじゅん》に開花日《かいかび》を予測《よそく》する。東京《とうきょう》の場合《ばあい》は2月1日《がつついにち》を基準《きじゅん》として、その日以降《ひいこう》の最高気温《さいこうきおん》⬇38ページの合計《ごうけい》が600度《ど》を超《こ》える日《ひ》に開花《かいか》すると予測《よそく》できる。これを「600度《ど》の法則《ほうそく》」という。

動物《どうぶつ》・虫《むし》

以前《いぜん》は、ウグイスやカッコウ、クマゼミなどの初鳴《しょめい》、トカゲやモンシロチョウ、ホタル、ツバメなどの初見《しょけん》を観測《かんそく》していた。

初鳴《しょめい》

特定《とくてい》の時期《じき》に鳴《な》き声《ごえ》を発《はっ》する鳥《とり》などが、一年《いちねん》のうちに初《はじ》めて鳴《な》くこと。「はつなき」とも読《よ》む。

初見《しょけん》

特定《とくてい》の時期《じき》に出《で》てくる虫《むし》や生《い》き物《もの》を、一年《いちねん》のうちに初《はじ》めて見《み》ること。

開花日《かいかび》

植物《しょくぶつ》の花《はな》が開《ひら》いた最初《さいしょ》の日《ひ》。桜《さくら》では標本木《ひょうほんぼく》のつぼみが5～6輪《りん》咲《さ》いた日《ひ》をいう。気温《きおん》や日照時間《にっしょうじかん》、降水量《こうすいりょう》などにより変化《へんか》する。

満開日《まんかいび》

標本木《ひょうほんぼく》（おもにソメイヨシノ）で約《やく》80％以上《いじょう》のつぼみが開《ひら》いた状態《じょうたい》となった最初《さいしょ》の日《ひ》。

紅葉《こうよう》（黄葉《おうよう》）日《び》

標本木全体《ひょうほんぼくぜんたい》の葉《は》の色《いろ》が大部分《だいぶぶん》、紅色《べにいろ》または黄色《きいろ》にかわった状態《じょうたい》になった最初《さいしょ》の日《ひ》。紅葉日《こうようび》を地図上《ちずじょう》に示《しめ》したものを「紅葉前線《こうようぜんせん》」という。カエデの紅葉《こうよう》、イチョウの黄葉《おうよう》を観測《かんそく》している。

落葉日《らくようび》

標本木《ひょうほんぼく》の葉《は》が約《やく》80％落葉《らくよう》した最初《さいしょ》の日《ひ》。カエデとイチョウを観測《かんそく》している。

積雲《せきうん》 ⬇41ページ

積雪《せきせつ》

意

積《つ》もった雪《ゆき》またはあられ↓73ページ。積雪計《せきせつけい》などの機器《きき》を使《つか》って積雪深《せきせつしん》を計測《けいそく》する。

例

「東京都心《とうきょうとしん》で3センチの積雪《せきせつ》を観測《かんそく》しました」

節分《せつぶん》

冬

意

暦《こよみ》↓12ページの上《うえ》での季節《きせつ》のかわり目《め》。季節《きせつ》のかわり目《め》は年《ねん》に4回《かい》あるが、現在《げんざい》では立春《りっしゅん》の前日《ぜんじつ》をいう。2月《つき》3日《か》ごろ。邪気《じゃき》などを起《お》こす悪《わる》い気《き》を払《はら》うために豆《まめ》まきを行《おこな》う。

例

「節分《せつぶん》の今日《きょう》、各地《かくち》で豆《まめ》まきが行《おこな》われました」

洗車雨《せんしゃう》

意

七夕《たなばた》の前日《ぜんじつ》に降《ふ》る雨《あめ》。彦星《ひこぼし》が織姫《おりひめ》に会《あ》いにいくために使《つか》う牛車《ぎっしゃ》を洗《あら》っている水《みず》にたとえている。

例

「明日《あす》7月《がつ》6日《か》は雨《あめ》でしょう。七夕《たなばた》の前日《ぜんじつ》の雨《あめ》は洗車雨《せんしゃう》とよばれます」

台風一過《たいふういっか》

秋

意

台風《たいふう》↓10・33ページが通過《つうか》したあとの穏《おだ》やかな晴天《せいてん》のこと。

例

「東海地方《とうかいちほう》は、朝《あさ》から台風一過《たいふういっか》の青空《あおぞら》が広《ひろ》がるでしょう」

ダイヤモンドダスト

冬

意

空気中《くうきちゅう》の水蒸気《みずじょうき》が凍《こお》り、太陽《たいよう》の光《ひかり》でキラキラと輝《かがや》く現象《げんしょう》。氷点下《ひょうてんか》10度以下《どいか》になると見《み》られることが多《おお》い。「天使《てんし》のささやき」ともよばれる。

例

「今季《こんき》いちばんの冷《ひ》えこみとなった今朝《けさ》、ダイヤモンドダストの撮影《さつえい》に成功《せいこう》しました」

冬《ふゆ》の朝《あさ》にあらわれたダイヤモンドダスト。

対流圏《たいりゅうけん》

意

大気《たいき》の最下層《さいかそう》で、雲《くも》が広《ひろ》がったり雨《あめ》が降《ふ》ったりするなど、気象現象《きしょうげんしょう》が起《お》こる領域《りょういき》のこと。地表《ちひょう》から高度《こうど》10～16キロメートルの範囲《はんい》。

例

「対流圏《たいりゅうけん》の気象条件《きしょうじょうけん》が不安定《ふあんてい》なため、一部《いちぶ》の空《そら》の便《びん》に遅《おく》れの出《で》る可能性《かのうせい》があります」

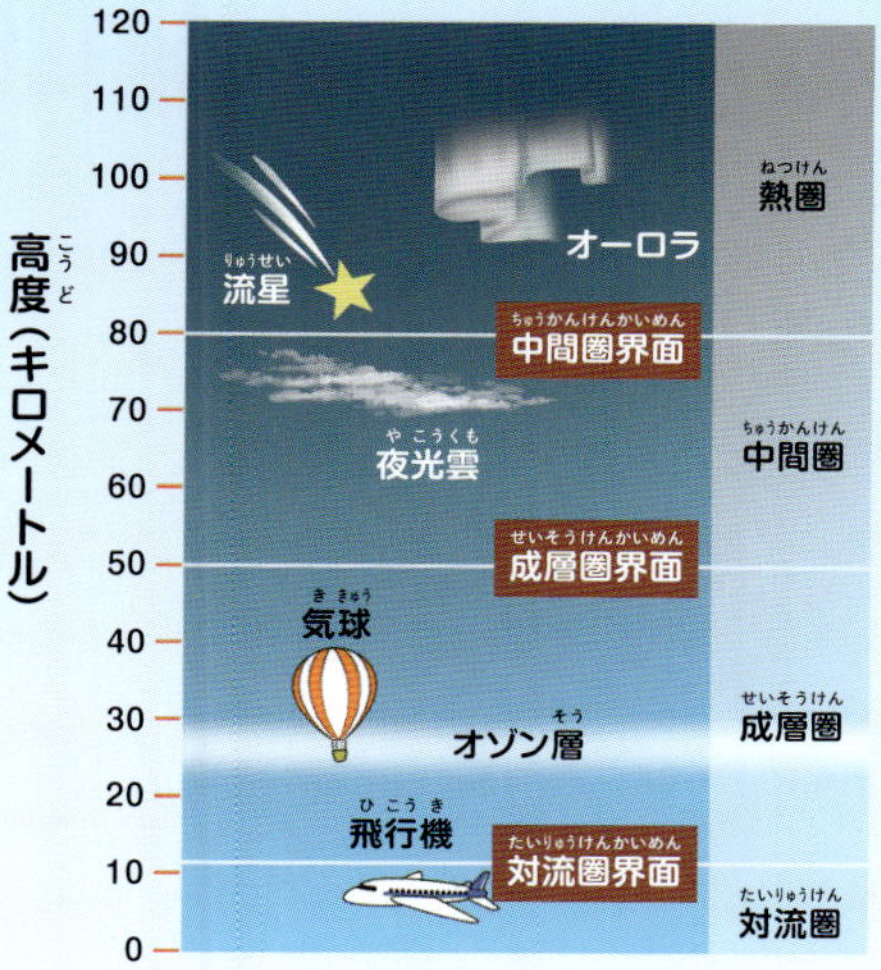

脱炭素社会《だったんそしゃかい》

意

地球温暖化《ちきゅうおんだんか》 ⬇35ページ の原因《げんいん》になる二酸化炭素《にさんかたんそ》の排出削減《はいしゅつさくげん》を実現《じつげん》した社《しゃ》会《かい》。世界各国《せかいかっこく》が実現《じつげん》をめざしている。

例

「脱炭素社会《だったんそしゃかい》の実現《じつげん》に向《む》け、具体的《ぐたいてき》な方法《ほうほう》を話《はな》し合《あ》う会議《かいぎ》が開《ひら》かれました」

断層《だんそう》

意

地層《ちそう》や岩盤《がんばん》が割《わ》れてずれている部分《ぶぶん》。断層《だんそう》がずれ動《うご》くときに地震《じしん》 ⬇48ページ が発生《はっせい》する。

例

「日本《にほん》には将来活動《しょうらいかつどう》をするかもしれない断層《だんそう》が約《やく》２０００あるそうです」

地球影《ちきゅうえい》

意

日《ひ》の出前《でまえ》や日没後《にちぼつご》に、太陽《たいよう》と反対側《はんたいがわ》の地平線上《ちへいせんじょう》に地球《ちきゅう》の影《かげ》が見《み》えること。

例

「夕焼《ゆうや》け空《ぞら》の反対側《はんたいがわ》である東《ひがし》の空《そら》を見《み》ると、地球影《ちきゅうえい》があらわれます。地球《ちきゅう》が丸《まる》いことを証明《しょうめい》する現象《げんしょう》です」

地球影上《ちきゅうえいじょう》にはピンクや紫色《むらさきいろ》に見《み》える帯《おび》があり、これを「ビーナスベルト」という。

赤道低圧帯《せきどうていあつたい》 ⬇ 32ページ　積乱雲《せきらんうん》 ⬇ 40ページ　線状降水帯《せんじょうこうすいたい》 ⬇ 51ページ　前線《ぜんせん》 ⬇ 8ページ　洗濯指数《せんたくしすう》 ⬇ 5ページ　層雲《そううん》／層積雲《そうせきうん》 ⬇ 41ページ　大気汚染《たいきおせん》／地球温暖化《ちきゅうおんだんか》 ⬇ 35ページ
太平洋高気圧《たいへいようこうきあつ》 ⬇ 32・37ページ　ダウンバースト／だし／竜巻《たつまき》／台風《たいふう》／タイフーン ⬇ 33ページ　高潮《たかしお》 ⬇ 46ページ　高波《たかなみ》 ⬇ 47ページ　黄昏《たそがれ》 ⬇ 74ページ
立待月《たちまちづき》／中秋《ちゅうしゅう》の名月《めいげつ》 ⬇ 56ページ　暖冬《だんとう》 ⬇ 38ページ　注意報《ちゅういほう》 ⬇ 9ページ

コラム

月《つき》に関《かん》することば

昔《むかし》は、月《つき》の満《み》ち欠《か》けをもとにした暦《こよみ》↓12ページ（太陰暦《たいいんれき》）を使《つか》っていた。新月《しんげつ》から次《つぎ》の新《しん》月《げつ》までは約《やく》29・5日間《にちかん》のため、29日《にち》と30日《にち》の月《つき》を組《く》み合《あ》わせて1年《ねん》を12か月《げつ》に区切《くぎ》っていた。今《いま》のカレンダーは、地球《ちきゅう》が太陽《たいよう》を一周《いっしゅう》する時間《じかん》をもとにした太陽暦《たいようれき》で、1年《ねん》を365日《にち》で考《かんが》えている。太陰暦《たいいんれき》は、1年《ねん》が354日《か》になり、太陽暦《たいようれき》より11日《か》ほど短《みじか》い。このずれは、3年《ねん》でほぼ1か月《げつ》になり、その1か月《げつ》をうるう月《づき》としてずれを正《ただ》した暦《こよみ》が太陰太陽暦《たいいんたいようれき》（旧暦《きゅうれき》）。二十四節気《にじゅうしせっき》などは太《たい》陰太陽暦《いんたいようれき》で使《つか》われていた。日本《にほん》では、十五夜《じゅうごや》など月《つき》を愛《め》でる風習《ふうしゅう》があり、月《つき》に関《かん》することばがたくさんある。

中秋《ちゅうしゅう》の名月《めいげつ》

旧暦《きゅうれき》8月《がつ》15日《にち》（中秋《ちゅうしゅう》）の十五夜《じゅうごや》にあらわれるすばらしい月《つき》のこと。満月《まんげつ》とは限《かぎ》らない。「芋名月《いもめいげつ》」などとよばれることもある。

大阪《おおさか》、四天王寺《よんてんのうじ》の五《ご》重塔《じゅうとう》と中秋《ちゅうしゅう》の名月《めいげつ》。

スーパームーン

一年《いちねん》でいちばん大《おお》きく見《み》える満月《まんげつ》。

おぼろ月《づき》

春《はる》に見《み》られる、薄雲《うすぐも》や霧《きり》、靄《もや》↓49ページの中《なか》にぼんやり見《み》える月《つき》。その夜《よる》を「おぼろ月夜《づきよ》」↓41ページという。

月《つき》の満《み》ち欠《か》け

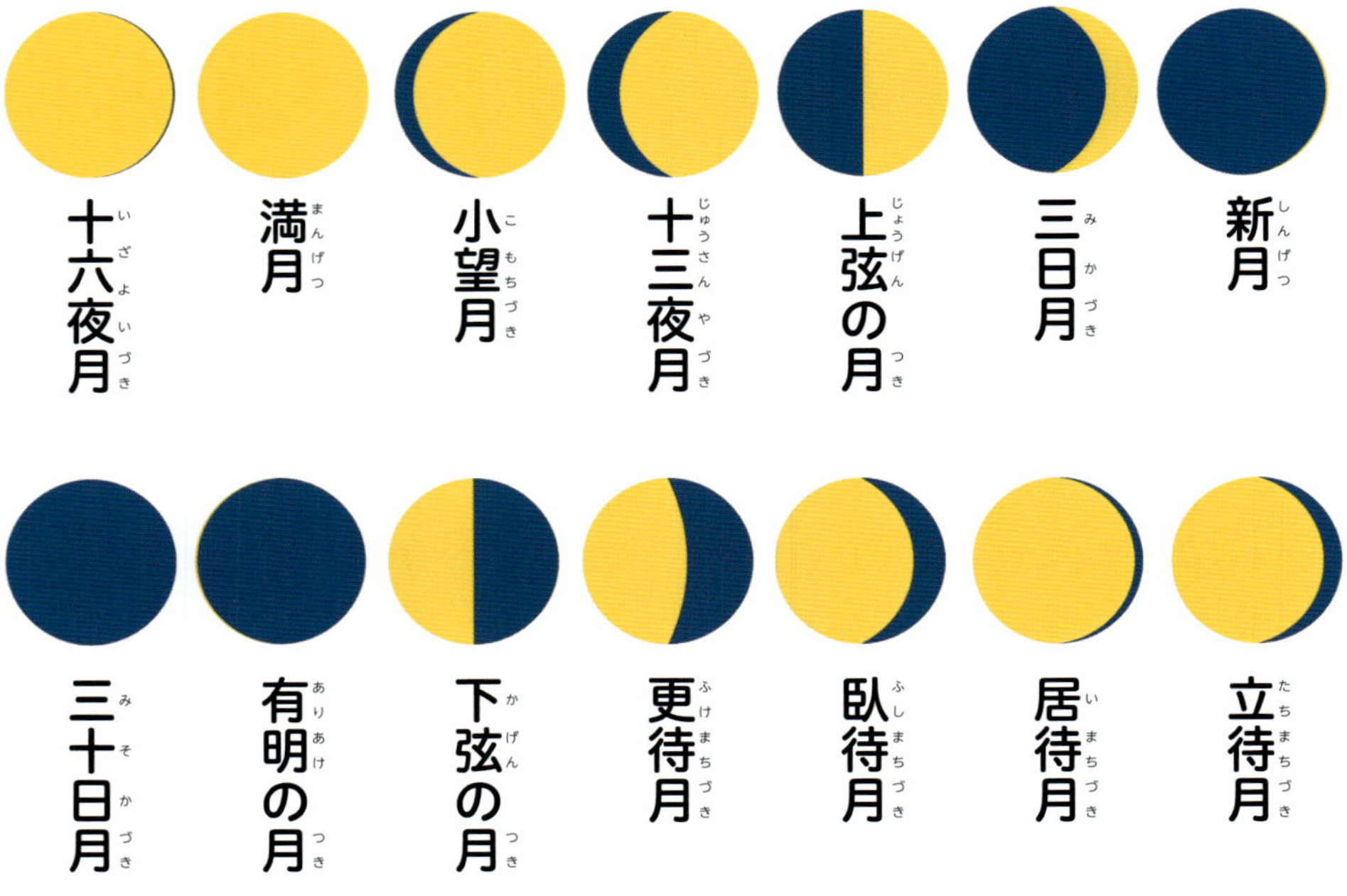

コラム

梅雨《つゆ》に関《かん》することば

梅雨《つゆ》とは、6～7月《がつ》の長雨《ながあめ》のこと。春《はる》の終《お》わりから夏《なつ》にかけて雨《あめ》や曇《くも》りの日《ひ》が続《つづ》く。今《いま》では「梅雨入《つゆい》り宣言《せんげん》」は行《おこな》われないが、梅雨《つゆ》に入《はい》りそうな時期《じき》と、終《お》わりそうな時期《じき》には、梅雨入《つゆい》り、梅雨明《つゆあ》けの発表《はっぴょう》が行《おこな》われる。一年《いちねん》のうちで、梅雨時期《つゆじき》以外《いがい》にも長《なが》く雨《あめ》が続《つづ》くことがあり、それらは季節《きせつ》によってよび方《かた》がかわる。そのほかにも、梅雨《つゆ》にちなんだことばがたくさんある。

梅雨前線《ばいうぜんせん》

梅雨《つゆ》をもたらす前線《ぜんせん》。オホーツク海高気圧《かいこうきあつ》⬇32ページと太平洋高気圧《たいへいようこうきあつ》との間《あいだ》にできる停滞前線《ていたいぜんせん》⬇58ページ。

梅雨入《つゆい》り

梅雨《つゆ》がはじまること。暦《こよみ》の上《うえ》での「入梅《にゅうばい》」⬇13ページとは必《かなら》ずしも同《おな》じにならない。

梅雨明《つゆあ》け

梅雨《つゆ》が終《お》わること。

梅雨《つゆ》のはしり

梅雨《つゆ》がくる前《まえ》のぐずついた天気《てんき》。

梅雨《つゆ》の中休《なかやす》み

梅雨《つゆ》の間《あいだ》にあらわれる数日以上《すうじついじょう》の晴《は》れ、または曇《くも》りだけれど日《ひ》がさす期間《きかん》。

空梅雨《からつゆ》

梅雨《つゆ》の期間《きかん》に雨《あめ》が少《すく》ないこと。5～6月《がつ》に太平洋高気圧《たいへいようこうきあつ》⬇32ページの勢力《せいりょく》が強《つよ》いと、空梅雨《からつゆ》になりやすい。

五月雨《さみだれ》

旧暦《きゅうれき》の5月《がつ》ごろに降《ふ》る長雨《ながあめ》。梅雨《つゆ》。「さつきあめ」ともいう。

春雨《はるさめ》

春《はる》にしとしとと降《ふ》る長雨《ながあめ》。「しゅんう」ともいう。

菜種梅雨《なたねづゆ》

3～4月《がつ》に降《ふ》る長雨《ながあめ》。梅雨《つゆ》のような気圧配置《きあつはいち》になることで起《お》こる。

秋雨《あきさめ》

8月後半《がつこうはん》から10月《がつ》にかけて秋《あき》に降《ふ》る雨《あめ》で、長雨《ながあめ》になりやすい。「しゅうう」ともいう。

秋雨前線《あきさめぜんせん》

秋雨《あきさめ》をもたらす停滞前線《ていたいぜんせん》⬇58ページ。

山茶花梅雨《さざんかづゆ》

山茶花《さざんか》が咲《さ》く11月下旬《がつげじゅん》～12月上旬《がつじょうじゅん》に降《ふ》る長雨《ながあめ》。

辻風《つじかぜ》／つむじ風《かぜ》⬇33ページ　津波《つなみ》⬇47ページ

露《つゆ》

秋

意

空気中《くうきちゅう》の水蒸気《すいじょうき》⬇50ページが冷《ひ》やされて水滴《すいてき》となり、草《くさ》や葉《は》に水《みず》の玉《たま》が付《ふ》着《ちゃく》したもの。

句

「芋《いも》の露連山影《つゆれんざんかげ》を正《ただ》しうす」（飯田蛇《いいだだ》笏《こつ》）

サトイモの葉《は》にたまった露《つゆ》に、連《つら》なる山々《やまやま》が映《うつ》っているようす。

葉《は》に露《つゆ》がおりているようす。夜間《やかん》に晴《は》れると放《ほう》射冷却《しゃれいきゃく》➡70ページ現象《げんしょう》で、冷《ひ》えこみが強《つよ》まる。

つらら

冬

意

積《つ》もった雪《ゆき》の一部《いちぶ》がとけ出《だ》して凍《こお》り、それが連続《れんぞく》して柱《はしら》のようになったもの。家《いえ》の軒下《のきした》、滝《たき》やトンネル、鍾乳洞《しょうにゅうどう》などにできる。

例

「この冬《ふゆ》は厳《きび》しい冷《ひ》えこみが続《つづ》いたことで、滝《たき》が凍《こお》って巨大《きょだい》なつららができました」

📷 坂下恵理

建物《たてもの》の軒先《のきさき》につららがいくつもできている。豪《ごう》雪地帯《せっちたい》の冬《ふゆ》は、つららや雪《ゆき》が落《お》ちやすく、軒下《のきした》は注意《ちゅうい》が必要《ひつよう》だ。

停滞前線《ていたいぜんせん》

意

暖気《だんき》と寒気《かんき》の勢力《せいりょく》がほぼ同《おな》じで、ほとんど動《うご》かない前線《ぜんせん》⬇8ページ。季節《きせつ》のかわり目《め》にあらわれることが多《おお》い。梅《ばい》雨前線《うぜんせん》⬇57・62ページが有名《ゆうめい》。

例

「停滞前線《ていたいぜんせん》の活動《かつどう》が活発《かっぱつ》となり、北陸《ほくりく》地方《ちほう》では断続的《だんぞくてき》に激《はげ》しい雨《あめ》が降《ふ》って、数日《すうじつ》の間《あいだ》は大雨《おおあめ》に警戒《けいかい》が必要《ひつよう》です」

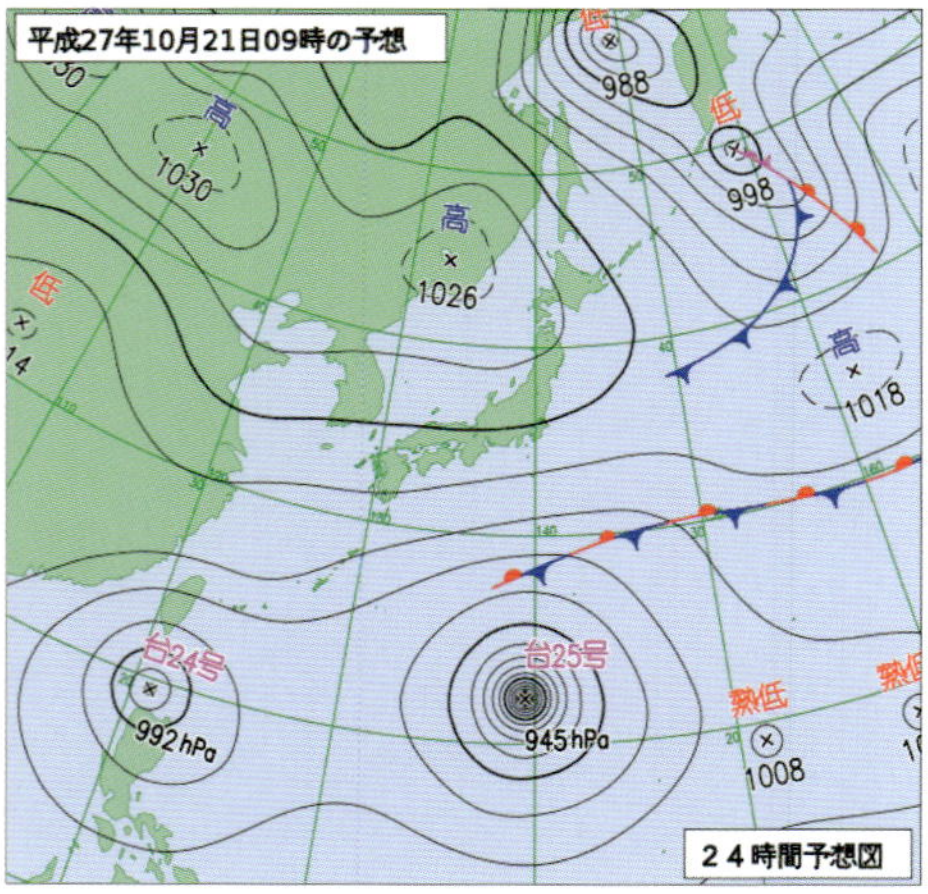

出典：気象庁ホームページ（2015年10月21日）

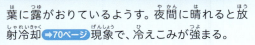

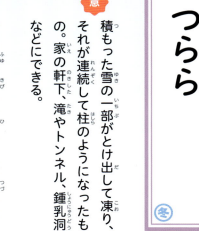

天気記号《てんきごう》

意

天気図《てんきず》に天気《てんき》の観測結果《かんそくけっか》を示《しめ》すための記号《きごう》。国際式《こくさいしき》と日本式《にっぽんしき》がある。日本《にほん》式天気記号《しきてんききごう》は21個《こ》ある。⬇7ページ

例

「この丸《まる》い天気記号《てんききごう》は、『快晴《かいせい》』を意味《いみ》します」

天気図《てんきず》

意

広《ひろ》い地域《ちいき》で、一定時刻《いっていじこく》に観測《かんそく》された気《き》象要素《しょうようそ》を地図上《ちずじょう》に記入《きにゅう》し、天気《てんき》のようすを示《しめ》したもの。

例

「明日《あす》の予想天気図《よそうてんきず》を見《み》てみましょう」

低気圧《ていきあつ》⬇37ページ　鉄砲水《てっぽうみず》⬇51ページ　天気雨《てんきあめ》⬇70ページ　等圧線《とうあつせん》⬇8ページ

コラム

いろいろな天気図《てんきず》

実況天気図《じっきょうてんきず》

1日《にち》7回《かい》の観測《かんそく》データをもとに解析《かいせき》が行《おこな》われ、日本周辺域《にほんしゅうへんいき》の天気図《てんきず》がつくられる。

予想天気図《よそうてんきず》

午前《ごぜん》9時《じ》と午後《ごご》9時《じ》の観測《かんそく》データをもとに、24時間後《じかんご》と48時間後《じかんご》の予想《よそう》がまとめられている。

高層天気図《こうそうてんきず》

1日《にち》2回《かい》つくられる、ある決《き》まった上《じょう》空《くう》の気圧面《きあつめん》での天気図《てんきず》。

数値予報天気図《すうちよほうてんきず》

スーパーコンピューターがおこなう天《てん》気予報《きよほう》の計算結果《けいさんけっか》をまとめた天気図《てんきず》。

天使《てんし》のはしご

意

雲《くも》の切《き》れ間《ま》から、太陽光《たいようこう》が放射線状《ほうしゃせんじょう》にさす現象《げんしょう》のこと。「薄明光線《はくめいこうせん》」「光芒《こうぼう》」ともよばれる。

例

「今日《きょう》、美《うつく》しい天使《てんし》のはしごが出現《しゅつげん》しました」

凍雨《とうう》

冬

意 雨粒《あまつぶ》が凍《こお》って落下《らっか》する、透明《とうめい》の氷《こおり》の粒《つぶ》。

例 「パラパラと音《おと》を立《た》てて降《ふ》ってきたものは、あられや雪《ゆき》↓73ページではなく、凍雨《とうう》でした。観測事例《かんそくじれい》の少《すく》ない珍《めずら》しい気象現象《きしょうげんしょう》です」

なだれ

春

意 気温《きおん》が高《たか》くなるなどして、山腹《さんぷく》に積《つ》もった雪《ゆき》がくずれ落《お》ちる現象《げんしょう》。

例 「気温《きおん》が高《たか》くなりますので、積雪《せきせつ》の多《おお》い地域《ちいき》では、なだれに注意《ちゅうい》してください」

逃《に》げ水《みず》

春

意 道路《どうろ》などに見《み》える蜃気楼《しんきろう》↓50ページの一種《いっしゅ》。光《ひかり》の屈折《くっせつ》により、水《みず》がたまっているように見《み》える。

例 「道路《どうろ》に逃《に》げ水《みず》があらわれた今日《きょう》は、全国各地《ぜんこくかくち》で今年《ことし》いちばんの暑《あつ》さになりました」

コラム 特異日《とくいび》と厄日《やくび》

過去《かこ》の経験《けいけん》などから定《さだ》められたある特定《とくてい》の日《ひ》とされている「特異日《とくいび》」と「厄日《やくび》」がある。はっきりした理由《りゆう》はないが、日々《ひび》の生活《せいかつ》の中《なか》で意識《いしき》され、使《つか》われてきた。

特異日《とくいび》

過去《かこ》の天気《てんき》から「晴《は》れ」など、特定《とくてい》の天気《てんき》になる確率《かくりつ》の高《たか》い日《ひ》。2月《がつ》7日《か》は春一番《はるいちばん》↓33ページが吹《ふ》く、11月《がつ》3日《か》は秋晴《あきば》れ↓26ページになるなどといわれている。

厄日《やくび》

災難《さいなん》にあうおそれが多《おお》いといわれていた日《ひ》。雑節《ざっせつ》↓12ページの中《なか》には、天候《てんこう》による農業《のうぎょう》への災難《さいなん》が多《おお》い日《ひ》として、「二百十日《にひゃくとおか》」「二百二十日《にひゃくはつか》」などがある。

道路《どうろ》がぬれているように見《み》えるが、実際《じっさい》はぬれていない。近《ちか》づくと、どんどん離《はな》れて逃《に》げてしまう。

日照時間《にっしょうじかん》

意

雲《くも》などにさえぎられずに太陽《たいよう》が地面《じめん》を照《て》らした時間《じかん》。

例

「今年《ことし》の4月《がつ》は曇《くも》りや雨《あめ》の日《ひ》が多《おお》く、日照時間《にっしょうじかん》が過去《かこ》もっとも少《すく》なくなりました」

日食《にっしょく》

意

月《つき》が太陽《たいよう》に重《かさ》なり、太陽《たいよう》の光《ひかり》の一部《いちぶ》(部分日食《ぶぶんにっしょく》)または全部《ぜんぶ》(皆既日食《かいきにっしょく》)が見《み》えなくなる現象《げんしょう》。太陽《たいよう》の光《ひかり》が地球《ちきゅう》にさえぎられて月《つき》が見《み》えなくなることは「月食《げっしょく》」という。

例

「本日《ほんじつ》、17年《ねん》ぶりに皆既日食《かいきにっしょく》が観測《かんそく》されました」

二百十日《にひゃくとおか》

秋

意

雑節《ざっせつ》 ⬇12ページ のひとつ。立春《りっしゅん》から数《かぞ》えて210日目《かめ》。9月1日《がつついたち》ころにあたる。台風《たいふう》がよく来《く》るといわれ、厄日《やくび》とされている。

例

「二百十日《にひゃくとおか》にあたる今日《きょう》、岩手県《いわてけん》の遠野市《とおのし》では、『雨風《あめかぜ》まつり』が行《おこな》われました」

太陽《たいよう》の光《ひかり》が輪《わ》っかのように見《み》える金環日食《きんかんにっしょく》。

入梅《にゅうばい》

夏

意

雑節《ざっせつ》 ⬇12ページ のひとつ。6月《がつ》11日《にち》ごろ。梅雨《つゆ》入《い》り ⬇57ページ とは異《こと》なり、天気《てんき》とは関係《かんけい》がない。梅雨《つゆ》入《い》りは気象庁《きしょうちょう》から、地域《ちいき》ごとに発表《はっぴょう》される。

例

「国立天文台《こくりつてんもんだい》の暦要項《れきようこう》では、2025年《ねん》の入梅《にゅうばい》は6月《がつ》11日《にち》です」

にわか雨《あめ》

意

夕立《ゆうだち》や通《とお》り雨《あめ》など、急《きゅう》に降《ふ》り出《だ》して、すぐにやむ雨《あめ》のこと。「**驟雨《しゅうう》**」ともいう。

例

「大気《たいき》の状態《じょうたい》が不安定《ふあんてい》で、にわか雨《あめ》がありました」

東風《とうふう》／突風《とっぷう》 ⬇ 33ページ　特別警報《とくべつけいほう》 ⬇ 9ページ　土砂《どしゃ》くずれ／土石流《どせきりゅう》 ⬇ 51ページ　土用波《どようなみ》 ⬇ 47ページ　長雨《ながあめ》／菜種梅雨《なたねづゆ》 ⬇ 57ページ　凪《なぎ》 ⬇ 32ページ　夏日《なつび》 ⬇ 38ページ
南海《なんかい》トラフ ⬇ 48ページ　南岸低気圧《なんがんていきあつ》 ⬇ 37ページ　二酸化炭素《にさんかたんそ》 ⬇ 35ページ　入道雲《にゅうどうぐも》 ⬇ 40ページ

熱帯《ねったい》

意

気候帯《きこうたい》 ↓36ページ のひとつ。赤道付近《せきどうふきん》の一年《いちねん》を通《とお》して気温《きおん》が高《たか》い地域《ちいき》。赤《せき》道《どう》を中心《ちゅうしん》に南北《なんぼく》の回帰線《かいきせん》（緯度《いど》23度《ど》26分《ふん》）にはさまれた地帯《ちたい》。

例

「熱帯《ねったい》の季節《きせつ》は雨季《うき》と乾季《かんき》の2つです」

熱中症《ねっちゅうしょう》

意

高温多湿《こうおんたしつ》が原因《げんいん》で、体温調節《たいおんちょうせつ》がうまくできなくなり、体内《たいない》に熱《ねつ》がこもった状《じょう》態《たい》のこと。気象庁《きしょうちょう》と環境省《かんきょうしょう》が共同《きょうどう》で、熱中症《ねっちゅうしょう》による健康被害《けんこうひがい》が起《お》こりそうなときは、「熱中症警戒《ねっちゅうしょうけいかい》アラート」を発《はっ》表《ぴょう》している。熱中症警戒《ねっちゅうしょうけいかい》アラートは、気《き》温《おん》、湿度《しつど》、日射量《にっしゃりょう》などをもとに出《だ》される「暑《あつ》さ指数《しすう》」を基準《きじゅん》にしており、その日《ひ》の最高暑《さいこうあつ》さ指数《しすう》が33以上《いじょう》になると予測《よそく》した場合《ばあい》に発表《はっぴょう》される。

例

「暑《あつ》さが厳《きび》しい日《ひ》が続《つづ》きます。熱中症《ねっちゅうしょう》に十分《じゅうぶん》な注意《ちゅうい》が必要《ひつよう》です」

根雪《ねゆき》

意

冬《ふゆ》の間《あいだ》に積《つ》もった雪《ゆき》が長期間《ちょうきかん》消《き》えずに残《のこ》っている状態《じょうたい》。気象庁《きしょうちょう》では「長期積《ちょうきせき》雪《せつ》」とよぶ。積雪《せきせつ》が30日《にち》以上続《いじょうつづ》くことし、北海道《ほっかいどう》や東北《とうほく》などで観測《かんそく》される。

例

「札幌《さっぽろ》では11月《がつ》30日《にち》に、根雪《ねゆき》がはじまりました」

梅雨前線《ばいうぜんせん》

意

梅雨《つゆ》 ↓57ページ をもたらす前線《ぜんせん》。太平《たいへい》洋高気圧《ようこうきあつ》とオホーツク海高気圧《かいこうきあつ》との間《あいだ》にできる停滞前線《ていたいぜんせん》 ↓58ページ 。

例

「梅雨前線《ばいうぜんせん》の活動《かつどう》が活発《かっぱつ》になるため、梅雨末期《つゆまっき》の大雨《おおあめ》のおそれがあります」

パスカル

意

圧力《あつりょく》の単位《たんい》。気圧《きあつ》には、1パスカルの100倍《ばい》の「ヘクトパスカル（hPa）」が使《つか》われる。

例

「台風《たいふう》13号《ごう》の中心気圧《ちゅうしんきあつ》は965ヘクトパスカル、最大瞬間風速《さいだいしゅんかんふうそく》が秒速《びょうそく》50メートルになると予想《よそう》されます」

八十八夜《はちじゅうはちや》

春

意

雑節《ざっせつ》 ⬇12ページ のひとつ。立春《りっしゅん》から数《かぞ》えて88日目《かめ》。5月《がつ》2日《か》ごろ。田植《たう》えや茶摘《ちゃつ》み、種《たね》まきなど農作業《のうさぎょう》をはじめる目安《めやす》。

例

「夏《なつ》も近《ちか》づく八十八夜《はちじゅうはちや》　野《の》にも山《やま》にも若葉《わかば》が茂《しげ》る～」（唱歌《しょうか》「茶摘《ちゃつみ》」より）

📷 中島保則

八十八夜《はちじゅうはちや》は「8」が重《かさ》なることから、縁起《えんぎ》がよいとされる。この時期《じき》に採《と》れた新茶《しんちゃ》も縁起《えんぎ》ものとされている。

初冠雪《はつかんせつ》

意

夏以降《なついこう》、初《はじ》めて雪《ゆき》やあられ ⬇73ページ などが山頂《さんちょう》に積《つ》もり、白《しろ》く見《み》えること。山《やま》の麓《ふもと》の気象台《きしょうだい》から観測《かんそく》を行《おこな》っている。

例

「青森地方気象台《あおもりちほうきしょうだい》は八甲田山系《はっこうださんけい》で、10月20日《がつはつか》に初冠雪《はつかんせつ》を観測《かんそく》したと発表《はっぴょう》しました」

コラム

「初《はつ》〇〇」なことば

初冠雪《はつかんせつ》以外《いがい》にも、陸《りく》から流氷《りゅうひょう》が見《み》えた「流氷初日《りゅうひょうしょにち》」や、生物季節観測《せいぶつきせつかんそく》 ⬇52ページ の初鳴《しょめい》や初見《しょけん》など、その年《とし》に初《はじ》めて見《み》たものにつく「初《はつ》〇〇」はたくさんある。

初雪《はつゆき》

初氷《はつごおり》

初霜《はつしも》

熱帯夜《ねったいや》 ⬇ 38ページ
熱帯低気圧《ねったいていきあつ》／爆弾低気圧《ばくだんていきあつ》 ⬇ 37ページ
灰雪《はいゆき》 ⬇ 73ページ
パウダースノー ⬇ 44ページ
薄明《はくめい》 ⬇ 74ページ
ハザードマップ ⬇ 51ページ
初鳴《はつなき》 ⬇ 53ページ

花《はな》いかだ

春

意　散《ち》った桜《さくら》の花《はな》びらが水面《すいめん》にうかび、それらが連《つら》なって流《なが》れるようす。いかだに見立《みた》てている。

例　「京都《きょうと》の琵琶湖疏水《びわこそすい》では、桜《さくら》の花《はな》びらが水路一面《すいろいちめん》に広《ひろ》がり、花《はな》いかだができていました」

城《しろ》の濠《ほり》が桜《さくら》の花《はな》びらでうめつくされる光景《こうけい》が人気《にんき》の青森県《あおもりけん》の弘前城《ひろさきじょう》など、花《はな》いかだの名所《めいしょ》もある。

花曇《はなぐも》り

春

意　桜《さくら》の花《はな》が咲《さ》く時期《じき》の曇《くも》り空《ぞら》。

例　「東海地方《とうかいちほう》は晴《は》れて、お花見日和《はなみびより》ですが、関東甲信《かんとうこうしん》は花曇《はなぐも》りの一日《いちにち》となるでしょう」

薄《うす》い雲《くも》が広《ひろ》がる、比較的明《ひかくてきあか》るい曇《くも》り空《ぞら》をいうことが多《おお》い。

花冷《はなび》え

春

意　桜《さくら》の花《はな》が咲《さ》く時期《じき》の冷《ひ》えこみ。

例　「関東地方《かんとうちほう》は花冷《はなび》えの一日《いちにち》となり、雪《ゆき》の降《ふ》るところもあるでしょう」

コラム　春《はる》の寒《さむ》さをあらわすことば

比良八講荒《ひらはっこうあ》れじまい

3月《がつ》の終《お》わりごろ、寒気《かんき》がぶりかえして、比良山《ひらさん》から突風《とっぷう》が吹《ふ》き荒《あ》れること。滋賀県《しがけん》で見《み》られる現象《げんしょう》。

寒《かん》のもどり ↓36ページ

リラ冷《ひ》え ↓75ページ

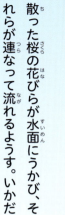

春一番《はるいちばん》 ⬇33ページ　春雨《はるさめ》 ⬇57ページ　白夜《びゃくや》 ⬇74ページ　波浪《はろう》 ⬇9・46ページ

花吹雪《はなふぶき》

春

意 桜《さくら》の花《はな》びらが吹雪《ふぶき》⬇68ページのように風《かぜ》に舞《ま》い散《ち》るようす。

例「強《つよ》い風《かぜ》が吹《ふ》いていて、桜《さくら》の花《はな》びらが舞《ま》い散《ち》り、桜吹雪《さくらふぶき》になりました」

ハリケーン

意 大西洋《たいせいよう》や東太平洋《ひがしたいへいよう》で発生《はっせい》する熱帯低《ねったいてい》気圧《きあつ》⬇37ページのうち、最大風速《さいだいふうそく》が秒速《びょうそく》32・7メートル以上《いじょう》のもの。その強《つよ》さは5段階《だんかい》であらわされていて、カテゴリー5がいちばん強《つよ》い。ハリケーンにつけられている名前《なまえ》は、アルファベット順《じゅん》に作成《さくせい》された男女《だんじょ》の名前《なまえ》リストの順《じゅん》につけられる。ハリケーンが東経《とうけい》180度《ど》を越《こ》えると台風《たいふう》⬇33ページと名前《なまえ》がかわる。

例「カテゴリー5のハリケーンがアメリカのメキシコ南部《なんぶ》に上陸《じょうりく》し、大《おお》きな被《ひ》害《がい》が出《で》ました」

ハロ

意 薄《うす》い雲《くも》が広《ひろ》がるときに、太陽《たいよう》または月《つき》のまわりにできる、虹色《にじいろ》の光《ひかり》の輪《わ》。雲《くも》の中《なか》にある氷《こおり》の粒《つぶ》に太陽《たいよう》または月《つき》の光《ひかり》が屈折《くっせつ》してできる。「ハロー」「暈《かさ》」ともいう。

例「ハロは天気《てんき》がくずれるサインともいわれています。その通《とお》り、明日《あす》は雨《あめ》になりそうです」

📷 渕岡友美

暈《かさ》は、太陽《たいよう》のまわりにできるものは「日暈《ひがさ》」、月《つき》のまわりにできるものを「月暈《つきがさ》」という。

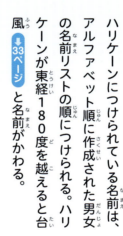

半夏生《はんげしょう》

夏

意

雑節《ざっせつ》 12ページ のひとつ。夏至《げし》から数《かぞ》えて11日目《にちめ》。7月《がつ》2日《か》ごろ。田植《たう》えを終《お》えるころの目安《めやす》。

句

「いつまでも明《あか》るき野山半夏生《のやまはんげしょう》」(草間《くさま》時彦《ときひこ》)

これから夏《なつ》の盛《も》りを迎《むか》えるようすをうたっている。

半夏生《はんげしょう》のころに花《はな》をつけ、その時期《じき》に葉《は》が白《しろ》くなり、「半分化粧《はんぶんけしょう》」したように見《み》えることから、ハンゲショウと名《な》がついた。

PM2・5《ピーエムにてんご》

意

大気中《たいきちゅう》にうかぶ非常《ひじょう》に小《ち》いさな粒子《りゅうし》のこと。冬《ふゆ》から春《はる》にかけて濃度《のうど》が高《たか》くなる傾向《けいこう》がある。吸《す》いこむことで排《はい》ガスなど化学物質《かがくぶっしつ》による健康被害《けんこうひがい》の原因《げんいん》になっている。

例

「PM2・5《ピーエムにてんご》は健康《けんこう》への影響《えいきょう》が心配《しんぱい》されています」

コラム

PM2・5《ピーエムにてんご》と似《に》ている!? 空気《くうき》をただよう物質《ぶっしつ》

アレルギーの原因《げんいん》になり、影響《えいきょう》を受《う》ける人《ひと》も多《おお》いため、天気予報《てんきよほう》でも伝《つた》えられている。

花粉《かふん》

花《はな》のおしべでつくられる粒《つぶ》。スギやブタクサなど、アレルギーを引《ひ》き起《お》こすものもある。それらの花粉《かふん》がただよう時期《じき》は、花粉情報《かふんじょうほう》が出《だ》される。

黄砂《こうさ》

中国《ちゅうごく》やモンゴルの砂漠《さばく》の砂《すな》などが風《かぜ》によって巻《ま》き上《あ》げられ、さらに上空《じょうくう》の風《かぜ》によって日本《にほん》などに飛《と》んでくる現象《げんしょう》。

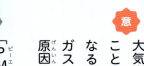

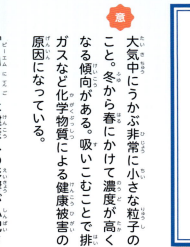

彼岸《ひがん》

春

意

雑節《ざっせつ》 ⬇12ページ のひとつ。春分《しゅんぶん》・秋分《しゅうぶん》の日《ひ》の前後《ぜんご》3日間《かかん》、合計《ごうけい》7日間《かかん》のこと。この時期《じき》に墓参《はかまい》りをする。

例

「暑《あつ》さ寒《さむ》さも彼岸《ひがん》まで」

寒《さむ》さは春《はる》の彼岸《ひがん》までに和《やわ》らぎ、暑《あつ》さは秋《あき》の彼岸《ひがん》までに収《おさ》まるという意味《いみ》。

彼岸《ひがん》の時期《じき》に花《はな》を咲《さ》かせることから、ヒガンバナと名《な》づけられた。

ひつじ雲《ぐも》

意

高積雲《こうせきうん》 ⬇41ページ の別名《べつめい》。モクモクとした小《ちい》さな雲《くも》が、ヒツジの群《む》れのようにたくさん並《なら》んでいる雲《くも》。「叢雲《むらくも》」「斑雲《まだらぐも》」ともよばれる。うろこ雲《ぐも》 ⬇29ページ より大《おお》きい。秋《あき》を代表《だいひょう》する雲《くも》。

例

「日中《にっちゅう》、秋《あき》の空《そら》らしく、ひつじ雲《ぐも》が見《み》られました」

厚《あつ》い雲《くも》なので、雲《くも》に影《かげ》ができる。

ひまわり

意

日本《にほん》の静止気象衛星《せいしきしょうえいせい》 ⬇18ページ の愛称《あいしょう》。雲《くも》などの観測《かんそく》を宇宙《うちゅう》から行《おこな》う。現在《げんざい》は「ひまわり9号《ごう》」が運用《うんよう》されている。

例

「気象衛星《きしょうえいせい》ひまわりによる雲画像《くもがぞう》で、台風《たいふう》のようすを見《み》てみましょう」

氷点下《ひょうてんか》

意

0度未満《どみまん》の温度《おんど》のこと。氷《こおり》になる温度《おんど》よりも下《した》という意味《いみ》。「零下《れいか》」ともいう。

例

「この地方《ちほう》は、真冬《まふゆ》には氷点下《ひょうてんか》20度《ど》くらいまで下《さ》がります」

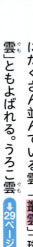

フェーン現象《げんしょう》

意

山《やま》を越《こ》えた風《かぜ》が吹《ふ》きおりるときに、山《やま》をおりたほうの地域《ちいき》の気温《きおん》が上《あ》がる現象《げんしょう》のこと。山《やま》を越《こ》えて膨《ぼう》張《ちょう》した空気《くうき》が、下降気流《かこうきりゅう》となって急激《きゅうげき》に圧縮《あっしゅく》されることで気温《きおん》が上《あ》がる。山《やま》を越《こ》えて吹《ふ》く高温《こうおん》の風《かぜ》を「フェーン」という。フェーン現《げん》象《しょう》は、農業《のうぎょう》にも影響《えいきょう》をあたえる。また、熱中症《ねっちゅうしょう》↓62ページの危険性《きけんせい》も高《たか》まるため、高温《こうおん》が予想《よそう》されるときは、「高温《こうおん》に関《かん》する早期天候《そうきてんこう》情報《じょうほう》」や「長期間《ちょうきかん》の高温《こうおん》に関《かん》する気象情報《きしょうじょうほう》」が発表《はっぴょう》される。

例

「日本海《にほんかい》に向《む》かって吹《ふ》きこむ南《みなみ》よりの風《かぜ》によって、石川県《いしかわけん》ではフェーン現象《げんしょう》が発生《はっせい》し、30度《ど》を記録《きろく》しました」

フェーン現象《げんしょう》のしくみ

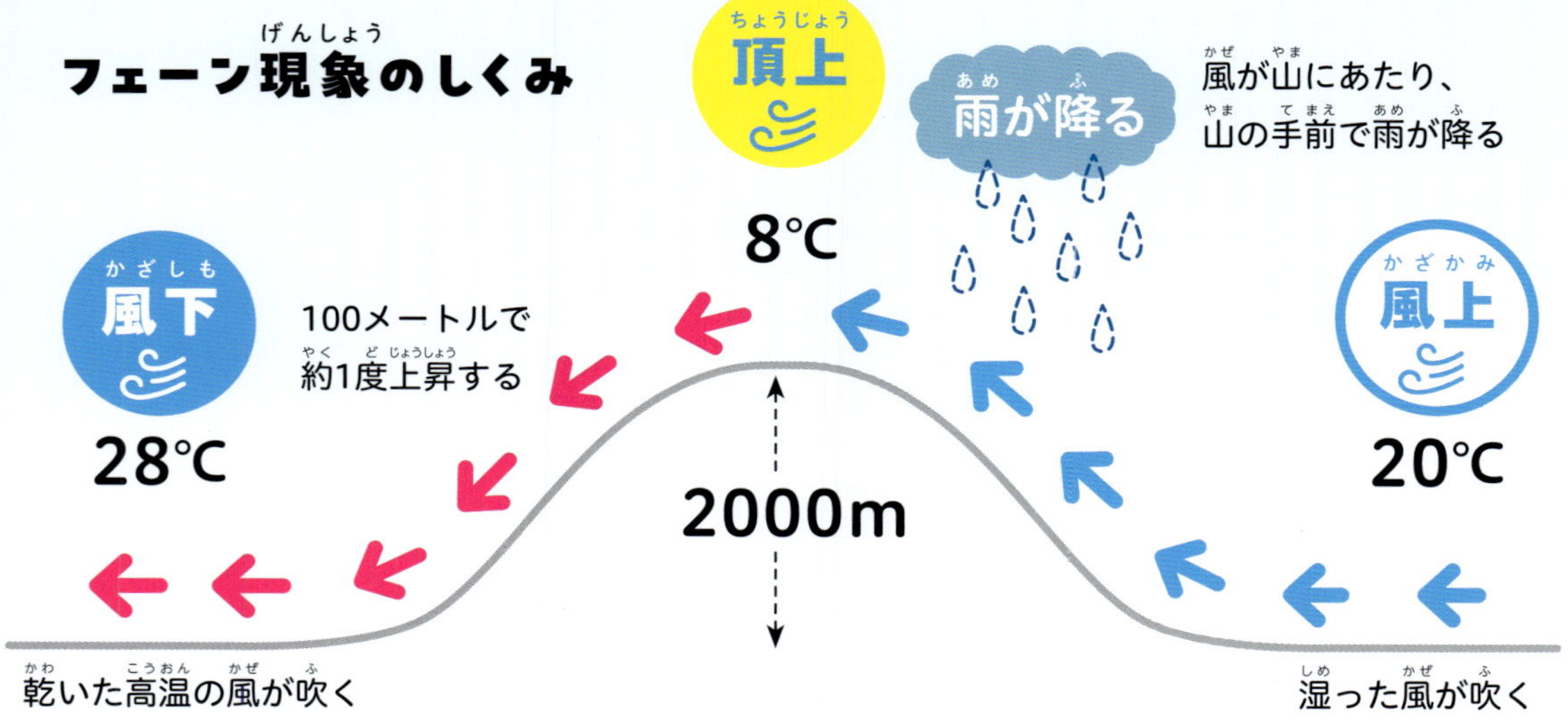

吹雪《ふぶき》

冬

意

やや強《つよ》い風《かぜ》が雪《ゆき》をともなって吹《ふ》くこと。地面《じめん》に積《つ》もった雪《ゆき》が吹《ふ》き上《あ》げられたものは「地吹雪《じふぶき》」という。

句

「橇《そり》やがて吹雪《ふぶき》の渦《うず》に吸《す》はれけり」（杉《すぎ》田久女《たひさじょ》）

橇《そり》が吹雪《ふぶき》にまぎれて見《み》えなくなるようすをうたった。

吹雪《ふぶき》がひどくなると、前《まえ》を向《む》いて歩《ある》けなかったり、まわりが見《み》えなくなったりするので、とても危《き》険《けん》。

冬隣《ふゆどなり》

秋

意

冬《ふゆ》の気配《けはい》を感《かん》じる秋《あき》の終《お》わりのころ。

句

「はしり火《び》に茶棚《ちゃだな》のくらし冬隣《ふゆどなり》」（飯田《いいだ》蛇笏《だこつ》）

茶《ちゃ》の間《ま》の炉《ろ》の火《ひ》がはねるようすに冬《ふゆ》のおとずれを感《かん》じている。

ブリ起《お》こし

冬

意

北陸《ほくりく》など日本海側《にっぽんかいがわ》で晩秋《ばんしゅう》から初冬《しょとう》にかけて鳴《な》る雷《かみなり》。

句

「茶畑《ちゃばたけ》の空《そら》はるかより鰤起《ぶりお》こし」（飯田《いいだ》龍《りゅう》太《た》）

雷《かみなり》の鳴《な》る冬《ふゆ》の情景《じょうけい》をうたっている。

更待月《ふけまちづき》／臥待月《ふしまちづき》 ⬇ 56ページ　冬日《ふゆび》 ⬇ 38ページ　プレート ⬇ 48ページ

ブルーモーメント

意

日《ひ》の入《い》り ⬇74ページ 直後《ちょくご》や日《ひ》の出直《でちょく》前《ぜん》に、空《そら》が濃《こ》い青色《あおいろ》になる現象《げんしょう》。日中《にっちゅう》の青空《あおぞら》は太陽《たいよう》の光《ひかり》の中《なか》の青色《あおいろ》以外《いがい》とまざることにより、明《あか》るい水色《みずいろ》になるが、この時間帯《じかんたい》は青色《あおいろ》の光《ひかり》しか残《のこ》らないため、深《ふか》い青色《あおいろ》になる。

例

「快晴《かいせい》の今日《きょう》、ブルーモーメントが見《み》られました」

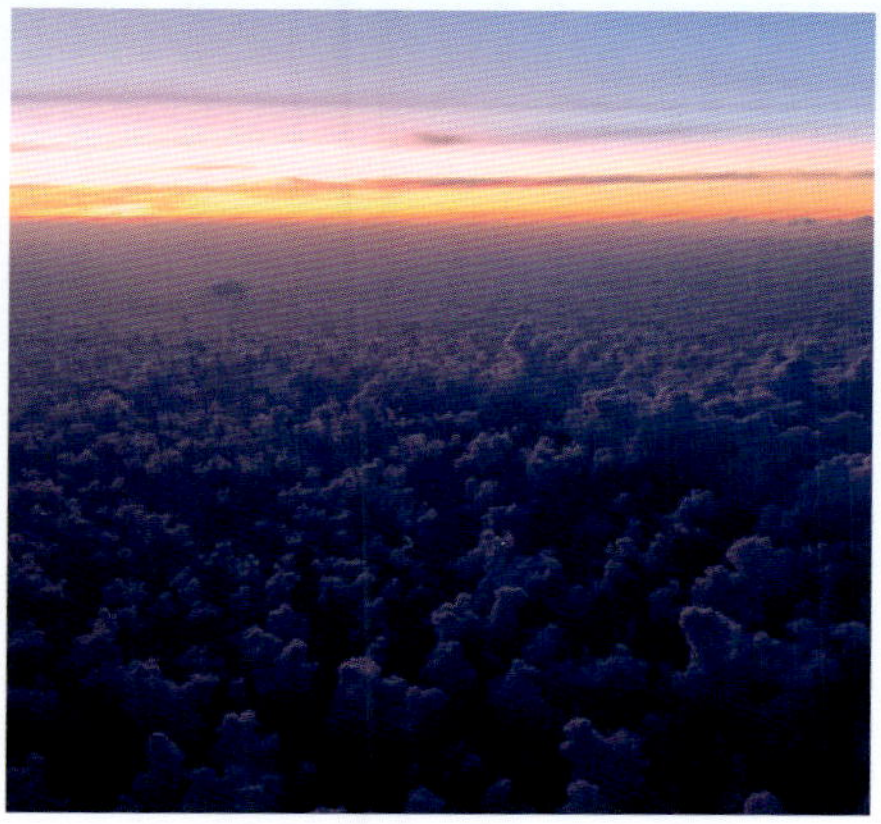

飛行機《ひこうき》の窓《まど》から眼下《がんか》に見《み》える雲《くも》も青《あお》く見《み》える。

フロストフラワー

意

水蒸気《すいじょうき》 ⬇50ページ の結晶《けっしょう》で、「霜《しも》の花《はな》」の意味《いみ》。湖面《こめん》などから蒸発《じょうはつ》した水蒸《すいじょう》気《き》が凍《こお》り、それが大《おお》きく成長《せいちょう》して、花《はな》のような形《かたち》になる。

例

「厳《きび》しい寒《さむ》さの冬《ふゆ》、北海道《ほっかいどう》の屈斜路湖《くっしゃろこ》では、フロストフラワーが見《み》られることもあります」

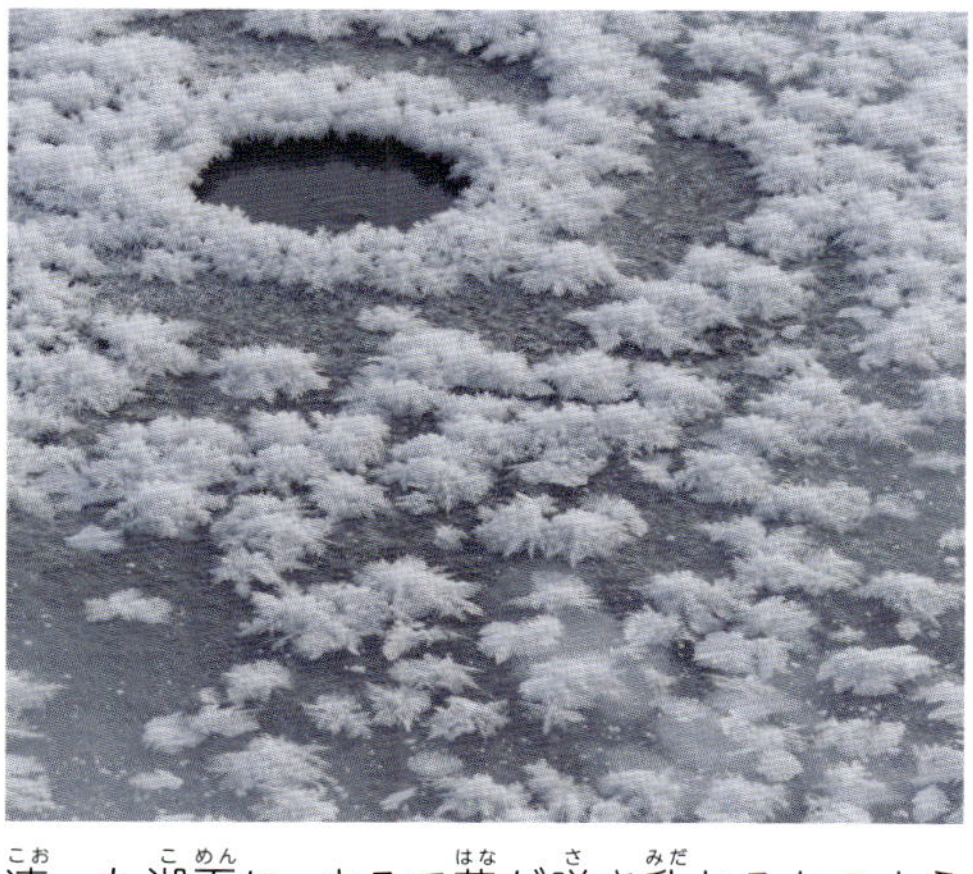

凍《こお》った湖面《こめん》に、まるで花《はな》が咲《さ》き乱《みだ》れるかのようなフロストフラワー。

ブロッケンの妖怪《ようかい》

意

霧《きり》に大《おお》きく伸《の》びた影《かげ》が映《うつ》り、さらにそのまわりに虹色《にじいろ》の環《わ》ができる現象《げんしょう》。ドイツのブロッケン山《さん》でよく見《み》られたことにちなむ。山《やま》に登《のぼ》ったときや飛《ひ》行機《こうき》から見《み》られることが多《おお》い。

例

「福島県只見町《ふくしまけんただみまち》では只見川《ただみかわ》でブロッケン現象《げんしょう》が見《み》られることがあります」

中島保則

中央《ちゅうおう》に見《み》えるぼんやりとした影《かげ》が、撮影者《さつえいしゃ》の影《かげ》。拡大《かくだい》されて、巨人《きょじん》のように見《み》える。影《かげ》のまわりには虹色《にじいろ》の環《わ》ができる。

コラム 妖怪《ようかい》やおばけにちなんだ天気用語《てんきようご》

天狗風《てんぐかぜ》

天狗《てんぐ》は不思議《ふしぎ》な力《ちから》があり、もっている羽団扇《はうちわ》で大風《おおかぜ》を起《お》こすと考《かんが》えられていたことからできたことばといわれている。突然《とつぜん》、激《はげ》しく吹《ふ》きおろすつむじ風《かぜ》のこと。

33ページ

狐《きつね》の嫁入《よめい》り

キツネは人《ひと》をばかすと考《かんが》えられていて、晴《は》れているのに雨《あめ》という矛盾《むじゅん》した天気《てんき》をキツネのしわざと考《かんが》えたことからつけられたことばといわれている。晴《は》れているのに、急《きゅう》に雨《あめ》がぱらつく天気《てんき》雨《あめ》のこと。

放射冷却《ほうしゃれいきゃく》

意

地面近《じめんちか》くの熱《ねつ》が空《そら》にどんどん逃《に》げてしまい、冷《ひ》えこむこと。

例

「放射冷却《ほうしゃれいきゃく》で冷《ひ》えこみが強《つよ》まり、9月《がつ》にもかかわらず霜《しも》が観測《かんそく》されました」

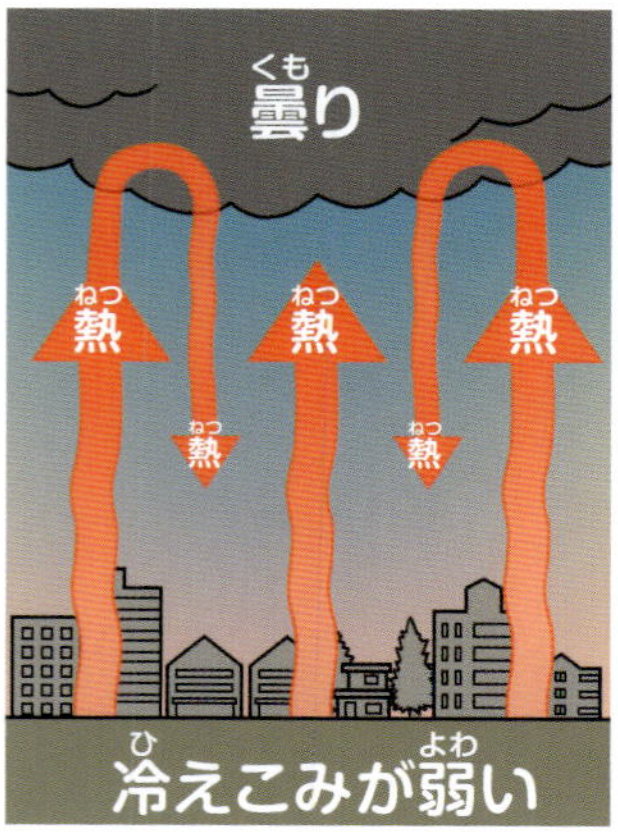

ぼたん雪《ゆき》

意

大《おお》きく、重《おも》い雪《ゆき》。比較的《ひかくてき》気温《きおん》が高《たか》いときに降《ふ》り、水分《すいぶん》を多《おお》くふくんでいる。

例

「ぼたん雪《ゆき》の重《おも》みで、電線《でんせん》が切《き》れるなどの被害《ひがい》があるかもしれません」

前田智宏

名前《なまえ》の由来《ゆらい》は、牡丹《ぼたん》の花《はな》のような雪《ゆき》だから、あるいは、ぼたぼたと降《ふ》る雪《ゆき》だから。

ホワイトアウト

意

雪《ゆき》や吹雪《ふぶき》↓68ページによって視界《しかい》が白一色《しろいっしょく》になる現象《げんしょう》。視界不良《しかいふりょう》になり、徒歩《とほ》や車《くるま》での移動《いどう》が困難《こんなん》になり、たいへん危険《きけん》。

例

「雪山《ゆきやま》でホワイトアウトが起《お》こると、遭難《そうなん》の危険性《きけんせい》が高《たか》まります」

ホワイトアウトになると、空間《くうかん》と地面《じめん》との見分《みわ》けがつかなくなって、あたり一面《いちめん》が白一色《しろいっしょく》になる。

マグマ

意

地下深《ちかふか》くにある高温《こうおん》でとけた岩石《がんせき》のこと。冷《ひ》えて固《かた》まると火成岩《かせいがん》になる。

例

「昨日《きのう》の噴火《ふんか》では、大量《たいりょう》のマグマが噴出《ふんしゅつ》しました」

火山《かざん》から赤々《あかあか》としたマグマが勢《いきお》いよく噴《ふ》き出《だ》している。

フロン↓35ページ　閉塞前線《へいそくぜんせん》↓8ページ　ヘクトパスカル↓62ページ　偏西風《へんせいふう》／貿易風《ぼうえきふう》↓32ページ　暴風《ぼうふう》↓9ページ　ぼた雪《ゆき》↓73ページ
真夏日《まなつび》／真冬日《まふゆび》↓38ページ　満潮《まんちょう》↓46ページ　満開日《まんかいび》↓53ページ　満月《まんげつ》／三日月《みかづき》↓56ページ

水《みず》不《ふ》足《そく》

意　雨《あめ》が降《ふ》らずに河川《かせん》や貯水池《ちょすいち》の水《みず》の量《りょう》が減《へ》って、水《みず》の供給《きょうきゅう》が不足《ふそく》する現象《げんしょう》。とくに生活用水《せいかつようすい》の不足《ふそく》をいう。

例　「今年《ことし》の梅雨《つゆ》は雨《あめ》が少《すく》なかったため、真夏《まなつ》の水不足《みずぶそく》が心配《しんぱい》されます」

山《やま》滴《した》る《たる》

夏

意　草木《くさき》におおわれて、緑《みどり》が滴《したた》るように見《み》える夏《なつ》の山《やま》のようす。

例　「山《やま》に関《かん》する季語《きご》には、春《はる》には『山笑《やまわら》う』、夏《なつ》は『山滴《やましたた》る』、秋《あき》は『山粧《やまよそお》う』、冬《ふゆ》は『山眠《やまねむ》る』があります」

明《あか》るい緑《みどり》におおわれて、山《やま》が生《い》き生《い》きとしているように見《み》える。

山《やま》粧《よそお》う

秋

意　紅葉《こうよう》で美《うつく》しい秋《あき》の山《やま》のようす。

句　「山粧《やまよそお》うけものの道《みち》もくれないに」（檜《ひのき》紀代《のりよ》）
動物《どうぶつ》が通《とお》る道《みち》も、紅色《こうしょく》に染《そ》まっているようすをうたっている。

山《やま》が色《いろ》とりどりの葉《は》で着飾《きかざ》っているように見《み》える。

融《ゆう》雪《せつ》

春

意　積雪《せきせつ》が大雨《おおあめ》や気温《きおん》の上昇《じょうしょう》によりとける現象《げんしょう》。「雪《ゆき》どけ」ともいう。雪《ゆき》をとかす薬剤《やくざい》を「融雪剤《ゆうせつざい》」という。

例　「北海道《ほっかいどう》では春《はる》からの農作業《のうさぎょう》に向《む》けて、融雪剤《ゆうせつざい》の散布《さんぷ》が行《おこな》われています」

コラム

雪《ゆき》に関《かん》することば

雪《ゆき》とは、雲《くも》の中《なか》で水蒸気《すいじょうき》⬇50ページが氷《こおり》になって落《お》ちてくるもの。大《おお》きさや水分《すいぶん》の量《りょう》、積《つ》もってからの時間《じかん》によっていろいろなよび方《かた》がある。昔《むかし》は「雪占《ゆきうら》」といって、山野《さんや》に残《のこ》った雪《ゆき》の形《かたち》を農作《のうさ》業《ぎょう》の目安《めやす》にしたり、その年《とし》の豊作《ほうさく》を占《うらな》ったりしていた。

固《かた》まった氷《こおり》の大《おお》きさや降《ふ》り方《かた》でかわる名前《なまえ》

雨《あめ》も雪《ゆき》も同《おな》じように雲《くも》の中《なか》でできる。気《き》温《おん》が下《さ》がると雨《あめ》から雪《ゆき》へとかわる。大気《たいき》の状態《じょうたい》が不安定《ふあんてい》になると大粒《おおつぶ》のひょうが降《ふ》ることもある。氷《こおり》の粒《つぶ》の大《おお》きさによってもよび方《かた》がかわる。

大《おお》きい

ひょう

直径《ちょっけい》5ミリメートル以上《いじょう》の氷《こおり》の粒《つぶ》。

あられ

直径《ちょっけい》5ミリメートル未満《みまん》の氷《こおり》の粒《つぶ》。白《しろ》くつぶれやすい「雪《ゆき》あられ」と半《はん》透明《とうめい》でじょうぶな「氷《こおり》あられ」がある。

小《ち》さい

みぞれ

雪《ゆき》と雨《あめ》が同時《どうじ》に降《ふ》ること。とけかかった雪《ゆき》と雨《あめ》がまじった状態《じょうたい》で降《ふ》る。

降《ふ》り積《つ》もったあとの時間《じかん》でかわる名前《なまえ》

気温《きおん》が低《ひく》く、雪《ゆき》が降《ふ》り続《つづ》くと、とけずに積《つ》もっていく。雪《ゆき》は降《ふ》り積《つ》もって時間《じかん》がたつとしだいにかたくなり、その状態《じょうたい》に合《あ》わせてよび名《な》もかわる。

短《みじか》い

新雪《しんせつ》 新《あたら》しく降《ふ》り積《つ》もった雪《ゆき》。

こしまり雪《ゆき》

新雪《しんせつ》としまり雪《ゆき》の間《あいだ》のかたさの雪《ゆき》。

しまり雪《ゆき》

新雪《しんせつ》が氷《こおり》の粒《つぶ》になった状態《じょうたい》。積《つ》もった雪《ゆき》の重《おも》みで全体《ぜんたい》がしまる。

ざらめ雪《ゆき》

とけた水分《すいぶん》をふくむ、ざらざらした氷《こおり》のようになった雪《ゆき》。

長《なが》い

雪《ゆき》の水分量《すいぶんりょう》でかわる名前《なまえ》

気温《きおん》や湿度《しつど》によって雪《ゆき》にふくまれる水分《みずぶん》量《りょう》がかわり、よび方《かた》もかわる。

多《おお》い

水《みず》　雪《ゆき》 水分量《すいぶんりょう》が多《おお》い雪《ゆき》。

ぼた雪《ゆき》 水気《みずけ》が多《おお》く、大《おお》きな雪《ゆき》。

もち雪《ゆき》 少《すこ》しとけかけのやわらかい雪《ゆき》。

綿《わた》　雪《ゆき》 綿《わた》をちぎったような大《おお》きな雪《ゆき》。

灰《はい》　雪《ゆき》 粉雪《こなゆき》よりもやや厚《あつ》みがある雪《ゆき》。

粉《こな》　雪《ゆき》 乾燥《かんそう》したさらさらの雪《ゆき》。

少《すく》ない

➡44ページ

三十日月《みそかづき》⬇56ページ
叢雲《むらくも》⬇67・77ページ
迷走台風《めいそうたいふう》⬇11ページ
猛暑日《もうしょび》⬇38ページ
靄《もや》⬇49ページ
夕立《ゆうだち》⬇61・78ページ

夕焼《ゆうや》け

意 夕方《ゆうがた》に空《そら》が赤《あか》く染《そ》まる現象《げんしょう》。太陽《たいよう》の光《ひかり》のうち、赤《あか》い光《ひかり》が目《め》にとどくことで生《しょう》じる。

例 「夕焼《ゆうや》けがきれいなので、明日《あす》は晴《は》れる見《み》こみです」

日没《にちぼつ》の時間帯《じかんたい》になると、波長《はちょう》の短《みじか》い青色《あおいろ》の光《ひかり》が散乱《さんらん》してしまうのに対《たい》し、波長《はちょう》の長《なが》い赤《あか》い光《ひかり》は地上《ちじょう》までとどく。

コラム

朝夕《あさゆう》のことば

朝焼《あさや》け
日《ひ》の出《で》のころに東《ひがし》の空《そら》が赤《あか》くなること。

日《ひ》の出《で》
朝《あさ》、太陽《たいよう》が地平線《ちへいせん》にあらわれること。

日《ひ》の入《い》り
夕方《ゆうがた》、太陽《たいよう》が地平線《ちへいせん》に沈《しず》むこと。夜《よる》も太陽《たいよう》が沈《しず》まないことを「白夜《びゃくや》」という。

黄昏《たそがれ》
薄暗《うすぐら》くなる夕方《ゆうがた》のこと。

薄明《はくめい》
日《ひ》の出前《でまえ》や、日《ひ》の入《い》り後《ご》の薄明《うすあ》かりの状態《じょうたい》のこと。

雪不足《ゆきぶそく》

意 冬《ふゆ》が暖《あたた》かく雪《ゆき》が降《ふ》らないこと。

例 「雪不足《ゆきぶそく》で閉鎖《へいさ》されるスキー場《じょう》が増《ふ》えています」

落雷《らくらい》

意 雷《かみなり》↓34ページが地上《ちじょう》に落《お》ちること。一般的《いっぱんてき》に、平地《へいち》では樹木《じゅもく》や塔《とう》などの高《たか》いところに落《お》ちる。

例 「落雷《らくらい》による火災《かさい》が発生《はっせい》しましたが、けが人《にん》はありませんでした」

離岸流《りがんりゅう》

意 海岸《かいがん》から沖《おき》に向《む》かう強《つよ》い流《なが》れ。

例 「海水浴中《かいすいよくちゅう》の男《おとこ》の子《こ》が離岸流《りがんりゅう》に流《なが》されましたが、救助《きゅうじょ》されて無事《ぶじ》でした」

離岸流《りがんりゅう》は、海岸線《かいがんせん》のどこでも起《お》こる可能性《かのうせい》がある 。幅《はば》は10〜30メートル程度《ていど》とあまり広《ひろ》くないのが特徴《とくちょう》。

流星《りゅうせい》

秋

意 宇宙空間《うちゅうくうかん》の小《ちい》さな物体《ぶったい》が大気圏《たいきけん》に突入《とつにゅう》して発光《はっこう》する現象《げんしょう》。「ながれぼし」とも読《よ》む。決《き》まった時期《じき》に、いくつも見《み》えるのを「流星群《りゅうせいぐん》」という。

例 「今夜《こんや》は天気《てんき》がよく、ペルセウス座流《ざりゅう》星群《せいぐん》が観測《かんそく》できるでしょう」

緑雨《りょくう》

意 新緑《しんりょく》のころ降《ふ》る雨《あめ》のこと。

句 「蓼科《たてしな》や緑雨《りょくう》の中《なか》を霧《きり》ながれ」（上田《うえだ》五千石《ごせんごく》）

緑《みどり》あふれる高原《こうげん》に雨《あめ》が降《ふ》るようすをうたっている。

リラ冷《び》え

意 北海道《ほっかいどう》でリラ（ライラック）の花《はな》が咲《さ》く5月下旬《がつげじゅん》ごろに、一時的《いちじてき》に寒《さむ》くなること。

例 「明日以降《あすいこう》はリラ冷《び》えが解消《かいしょう》し、20度《ど》を超《こ》えるところも出《で》てくるでしょう」

札幌大通《さっぽろおおどお》り公園《こうえん》のライラック。ライラックは札幌市《さっぽろし》の市《し》の花《はな》。

雪占《ゆきうら》／綿雪《わたゆき》 ➡ 73ページ
雪雲《ゆきぐも》／雷雲《らいうん》／乱層雲《らんそううん》 ➡ 40ページ
雪《ゆき》どけ ➡ 72・78ページ
ラニーニャ現象《げんしょう》／冷夏《れいか》／冷害《れいがい》／冷害風《れいがいふう》 ➡ 38ページ
陸風《りくかぜ》 ➡ 32ページ
緑閃光《りょくせんこう》 ➡ 42ページ
わた雲《ぐも》 ➡ 41ページ

コラム

天《てん》気《き》に関《かん》する慣《かん》用《よう》句《く》・ことわざ・季《き》語《ご》

くらしに根《ね》づく天気用語《てんきようご》は、慣用句《かんようく》やことわざとしてたくさんいい伝《つた》えられてきた。また、俳句《はいく》の季語《きご》にもなっている。天気用《てんきよう》語《ご》がもつ意味《いみ》やイメージは、多《おお》くの人《ひと》の中《なか》で共有《きょうゆう》されていて、そのことばを使《つか》うことで、天気用語以外《てんきようごいがい》の場面《ばめん》でも使《つか》われるようになった。どんなことばをどのような意味《いみ》で使《つか》っているのか、どんな俳句《はいく》があるのか、見《み》てみよう。

天《てん》気《き》に関《かん》する慣《かん》用《よう》句《く》

小春日和《こはるびより》

晩秋《ばんしゅう》に日《ひ》ざしがぽかぽかで、春《はる》のような暖《あたた》かい陽気《ようき》をさす。

春日遅遅《しゅんじつちち》

春《はる》の日《ひ》が長《なが》くて、暮《く》れるのが遅《おそ》いさま。

青天《せいてん》の霹靂《へきれき》

霹靂《へきれき》とは急《きゅう》に激《はげ》しく雷《かみなり》↓34ページがなること。そこから、急《きゅう》に起《お》きる変動《へんどう》や大事件《だいじけん》、突然《とつぜん》受《う》けた衝撃《しょうげき》のことをさすようになった。

空《そら》に知《し》られぬ雪《ゆき》

空《そら》から降《ふ》った雪《ゆき》ではないということから、舞《ま》い散《ち》る桜《さくら》をさす。

空《そら》知《し》らぬ雨《あめ》

空《そら》から降《ふ》った雨《あめ》ではないということから、涙《なみだ》をさす。

五月雨式《さみだれしき》

5月《がつ》ごろに降《ふ》る雨《あめ》、梅雨《つゆ》↓57ページのこと。ずっと降《ふ》り続《つづ》くことから、一度《いちど》では終《お》わらず、とぎれながらも何度《なんど》か続《つづ》けて行《おこな》うことをさすことばとして使《つか》われている。

雲《くも》をつかむ

ふわふわしている雲《くも》はつかめないことから、ものごとがぼんやりとしており、とらえどころがないさまをさす。

五風十雨《ごふうじゅうう》

5日《か》ごとに風《かぜ》が吹《ふ》き、10日《か》ごとに雨《あめ》が降《ふ》るような、農業《のうぎょう》に都合《つごう》がよい天候《てんこう》であること。そこから転《てん》じて、世《よ》の中《なか》が太平《たいへい》なこと。

天気《てんき》に関《かん》することわざ

雨《あめ》にぬれて露《つゆ》恐《おそ》ろしからず

大《おお》きな災難《さいなん》にあった者《もの》は、小《ちい》さな災難《さいなん》を恐《おそ》れない。

雨《あめ》晴《は》れて笠《かさ》を忘《わす》る

苦難《くなん》のときが過《す》ぎるとそのときの恩《おん》をすぐに忘《わす》れてしまう。

雨垂《あまだ》れ石《いし》をうがつ

小《ちい》さな努力《どりょく》でも根気《こんき》よく続《つづ》ければ、最後《さいご》には成功《せいこう》する。

女心《おんなごころ》と秋《あき》の空《そら》

女性《じょせい》の心《こころ》は、秋《あき》の空模様《そらもよう》のようにかわりやすい。

雨後《うご》のたけのこ

雨《あめ》が降《ふ》ったあと、たけのこが次々《つぎつぎ》出《で》てくるように、ものごとが次《つぎ》から次《つぎ》へと起《お》こること。

月《つき》に叢雲《むらくも》、花《はな》に風《かぜ》

月《つき》に雲《くも》がかかってかげり、花《はな》が風《かぜ》で散《ち》らされるように、世《よ》の中《なか》ままならない。叢雲《むらくも》とは、ひつじ雲《ぐも》↓67ページのこと。

雨降《あめふ》って地《じ》かたまる

もめごとなどの悪《わる》いことが起《お》こったあとのほうが前《まえ》よりもよい状態《じょうたい》になる。

地震雷火事親父《じしんかみなりかじおやじ》

世《よ》の中《なか》の恐《おそ》ろしいものの順《じゅん》。

風雲急《ふううんきゅう》を告《つ》げる

ただごとでないような変動《へんどう》が起《お》きそうな、さしせまった情勢《じょうせい》。

春《はる》の季語《きご》

朝霞《あさがすみ》

朝《あさ》に立《た》つ霞《かすみ》↓49ページのこと。

おぼろ

ぼんやりとかすんでいるようす。

花曇《はなぐも》り ↓64ページ

桜《さくら》の花《はな》が咲《さ》く時期《じき》の、薄《うす》くぼんやりと曇《くも》ったようす。

花冷《はなび》え ↓64ページ

桜《さくら》の花《はな》が咲《さ》く時期《じき》に、一時的《いちじてき》に冷《ひ》えこむこと。

風光《かぜひか》る

春《はる》の日《ひ》の光《ひかり》が照《て》る中《なか》を、そよ風《かぜ》が吹《ふ》きわたるようす。

雪《ゆき》どけ ↓72ページ

春《はる》になって雪《ゆき》がとけること。

近藤奈央

春《はる》の季語《きご》を使《つか》った俳句《はいく》

雪《ゆき》とけて　村《むら》いっぱいの　子《こ》どもかな（小林一茶《こばやしいっさ》）

夏《なつ》の季語《きご》

青嵐《せいらん》

初夏《しょか》の青葉《あおば》をゆらして吹《ふ》きわたる、やや強《つよ》い風《かぜ》のこと。

朝凪《あさなぎ》

陸風《りくかぜ》から海風《うみかぜ》に交代《こうたい》する朝方《あさがた》に、一時的《いちじてき》に風《かぜ》のない状態《じょうたい》の「凪《なぎ》」↓32ページになること。

五月雨《さみだれ》 ↓57ページ

旧暦《きゅうれき》の5月《がつ》ごろに降《ふ》り続《つづ》く長《なが》雨《あめ》。梅雨《つゆ》に降《ふ》る雨《あめ》のこと。

夕立《ゆうだち》

夏《なつ》の午後《ごご》に降《ふ》る激《はげ》しいにわか雨《あめ》↓61ページのこと。

蝉時雨《せみしぐれ》

しぐれ↓47ページの降《ふ》る音《おと》に、多《おお》くのセミがいっせいに鳴《な》きたてる声《こえ》をたとえたことば。

夏《なつ》の季語《きご》を使《つか》った俳句《はいく》

夕立《ゆうだち》や　渚《なぎさ》晴《は》れゆく　波高《なみたか》し（尾崎放哉《おざきほうさい》）

秋《あき》の季《き》語《ご》

新涼《しんりょう》

秋《あき》のはじめの涼《すず》しさのこと。

野分《のわ》き

野《の》の草《くさ》を吹《ふ》き分《わ》けて通《とお》る秋《あき》の暴《ぼう》風《ふう》のこと。台風《たいふう》の古《ふる》いよび名《な》。

菊日和《きくびより》 ↓26ページ

菊《きく》の花《はな》が咲《さ》く時期《じき》のよい天気《てんき》のこと。

金風《きんぷう》

秋《あき》の風《かぜ》のこと。

夜這星《よばいぼし》

流星《りゅうせい》 ↓75ページ のこと。

夕霧《ゆうぎり》

夕方《ゆうがた》にかかる霧《きり》 ↓49ページ のこと。

秋《あき》の季《き》語《ご》を使《つか》った俳句《はいく》

菊日和《きくびより》
シャベルや砂利《じゃり》を　掻鳴《かきなら》す（川端茅舎《かわばたぼうしゃ》）

冬《ふゆ》の季《き》語《ご》

木枯《こが》らし ↓33ページ

秋《あき》の終《お》わりごろから冬《ふゆ》の初《はじ》めにかけて吹《ふ》く強《つよ》い風《かぜ》のこと。

凍星《いてぼし》

空気《くうき》が凍《こお》りついたようにさえわたる冬《ふゆ》の夜空《よぞら》の星《ほし》のこと。

空《から》っ風《かぜ》 ↓34ページ

冬《ふゆ》に雨《あめ》や雪《ゆき》などをともなわないで強《つよ》く吹《ふ》く乾《かわ》いた北風《きたかぜ》のこと。

鎌鼬《かまいたち》

突然《とつぜん》皮膚《ひふ》が裂《さ》けて、鋭利《えいり》な鎌《かま》で切《き》ったような傷《きず》ができる現象《げんしょう》。とくに雪国地方《ゆきぐにちほう》で見《み》られる。

時雨傘《しぐれがさ》

しぐれ ↓47ページ のときにさす傘《かさ》のこと。

雪華《せっか》

雪《ゆき》の結晶《けっしょう》、または雪《ゆき》の降《ふ》るようすを花《はな》にたとえたもの。

冬《ふゆ》の季《き》語《ご》を使《つか》った俳句《はいく》

木枯《こがらし》や
竹《たけ》に隠《かく》れて　しづまりぬ（松尾芭蕉《まつおばしょう》）

監修

南気象予報士事務所《みなみきしょうよほうしじむしょ》

生活《せいかつ》に役立《やくだ》つ気象情報《きしょうじょうほう》、そして、災害《さいがい》の発生《はっせい》が予想《よそう》される場面《ばめん》において生命《せいめい》を守《まも》るための気象情報《きしょうじょうほう》を伝《つた》えることを目的《もくてき》に、テレビやラジオなどでの気象《きしょう》の解説《かいせつ》に取《と》り組《く》んでいる。また、天候《てんこう》との関係《かんけい》が深《ふか》い熱中症《ねっちゅうしょう》や花粉症《かふんしょう》などの研究《けんきゅう》や観測《かんそく》を行《おこな》い、防災《ぼうさい》や温暖化《おんだんか》、健康《けんこう》などに関《かん》する市民《しみん》向《む》けの講演《こうえん》、学校《がっこう》への出前授業《でまえじゅぎょう》なども行《おこな》っている。

坂下恵理《さかしたえり》

気象予報士《きしょうよほうし》、防災士《ぼうさいし》。福島《ふくしま》で東日本《ひがしにほん》大震災《だいしんさい》を経験《けいけん》。気象情報《きしょうじょうほう》の大切《たいせつ》さを強《つよ》く感《かん》じ、気象予報士《きしょうよほうし》に。趣味《しゅみ》はマラソン遠征《えんせい》、目標《もくひょう》は全国制覇《ぜんこくせいは》。

篠原《しのはら》 正《ただし》

気象予報士《きしょうよほうし》、防災士《ぼうさいし》。テレビ番《ばん》組《ぐみ》のニュースで気象情報《きしょうじょうほう》を担《たん》当《とう》。趣味《しゅみ》はお城巡《しろめぐ》り、おもしろいT《ティ》シャツ集《あつ》め。

広瀬《ひろせ》 駿《しゅん》

気象予報士《きしょうよほうし》、防災士《ぼうさいし》。横浜国立《よこはまこくりつ》大学大学院《だいがくだいがくいん》では台風《たいふう》を研究《けんきゅう》。小《しょう》学生《がくせい》からの夢《ゆめ》は「歌《うた》って踊《おど》れる気象予報士《きしょうよほうし》」。

企画・制作	やじろべー ナイスク　http://naisg.com （松尾里央、岡田かおり、崎山大希、鈴木陽介）
制作協力	石川守延
イラスト	たかはしかず
装丁・デザイン・DTP	株式会社ライラック（野村義彦、吉田進一、今住真由美）　佐々木志帆
写真・資料提供	木下和花、近藤奈央、坂下恵理、塩見泰子、中島保則、広瀬駿、渕岡友美、前田智宏、PIXTA
参考資料／参考文献	『よくわかる！ 天気の変化と気象災害』（学研プラス）／『雲のかたちで天気がわかる』（大日本図書）／『気象予報士と学ぼう！　天気のきほんがわかる本　雨・雪・氷　なぜできる？』（ポプラ社 ）／『気象予報士に挑戦！お天気クイズ』（小峰書店）／『空と天気のふしぎ109』（偕成社）／『日本列島 季節の天気』（ポプラ社）／気象庁（天気用語） https://www.jma.go.jp/jma/kishou/know/yougo_hp/mokuji.html

くらしと天気《てんき》!!　**お天気《てんき》用語《ようご》大図鑑《だいずかん》**

2024年12月15日初版第1刷印刷　　2024年12月25日初版第1刷発行

監修	南気象予報士事務所
編集	国土社編集部
発行	株式会社　国土社 〒101-0062　東京都千代田区神田駿河台2-5 TEL 03-6272-6125　　FAX 03-6272-6126 URL https://www.kokudosha.co.jp
印刷	株式会社　厚徳社
製本	株式会社　難波製本

NDC451　80P　26cm　ISBN978-4-337-21658-7 C8044